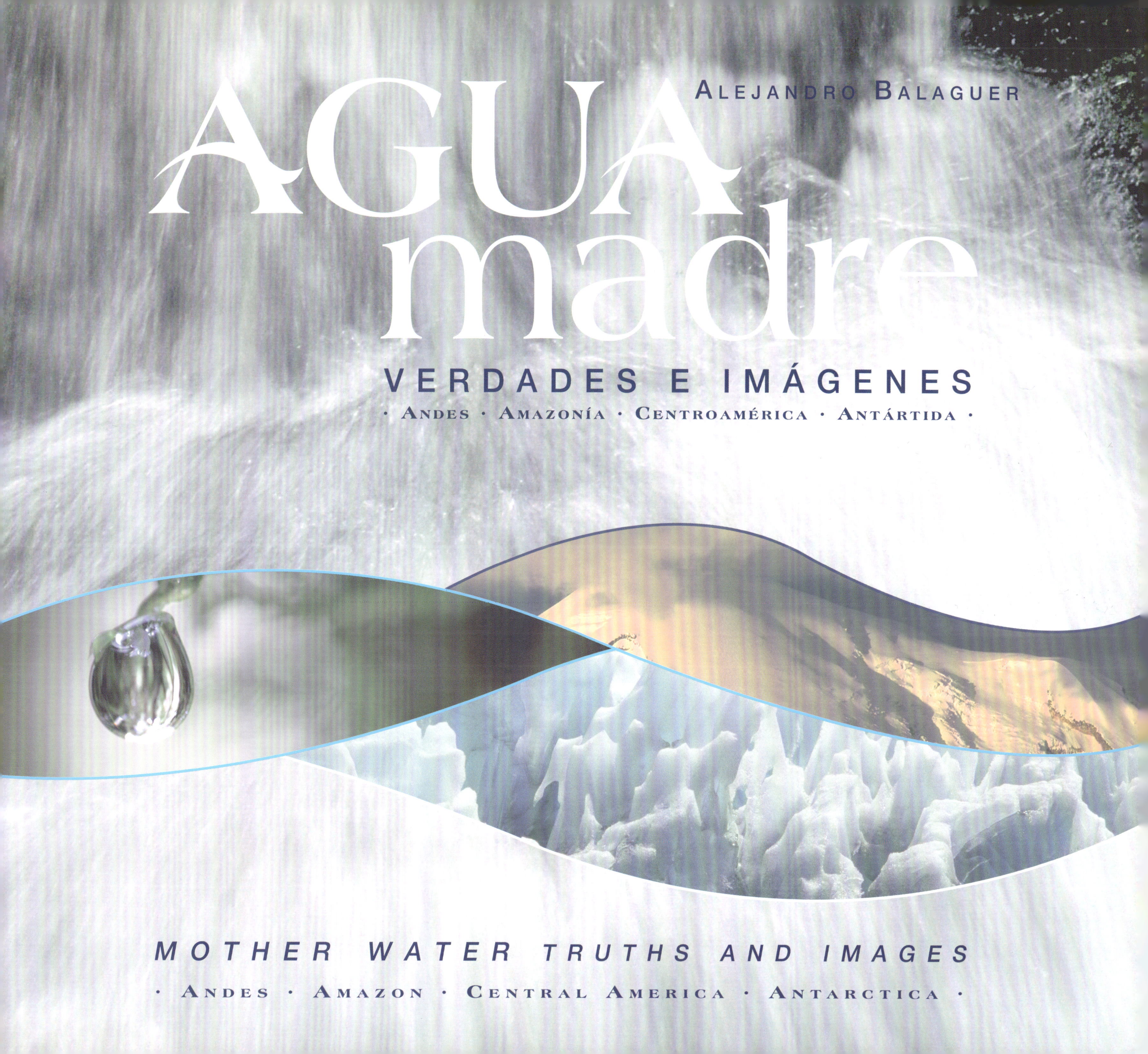

Alejandro Balaguer

AGUA madre

VERDADES E IMÁGENES

· Andes · Amazonía · Centroamérica · Antártida ·

MOTHER WATER TRUTHS AND IMAGES

· Andes · Amazon · Central America · Antarctica ·

CRÉDITOS ~ *CREDITS*

AGUA madre VERDADES E IMÁGENES
MOTHER WATER *TRUTHS AND IMAGES*

AUTOR *AUTHOR*
Alejandro Balaguer

EDICIÓN GENERAL *GENERAL EDITOR*
Graph & Consult - Anel Pancorvo Pásara
Andes y Mares - Alejandro Balaguer

INVESTIGACIÓN Y TEXTOS *RESEARCH AND TEXTS*
Alan García Pérez, Claudio Di Risio, Jorge Recharte, Roberto Arévalo, Alejandro Balaguer

CORRECCIÓN DE TEXTOS *TEXT CORRECTION*
Antonio Yonz Martínez

DISEÑO Y DIAGRAMACIÓN *DESIGN AND LAYOUT*
Graph & Consult - María Elena Velarde Kú, Mario Antonio Vargas Castro

FOTOGRAFÍA *PHOTOGRAPHY*
Alejandro Balaguer

TRADUCCIÓN *TRANSLATION*
Antonio Yonz Martínez

COORDINACIÓN *COORDINATION*
Andes y Mares - Doris Mandujano

PREPRENSA *PRE-PRESS*
Jorge Morales

SUPERVISIÓN DE PREPRENSA E IMPRESIÓN *PRE-PRESS AND PRESS SUPERVISION*
Graph & Consult - Anel Pancorvo Pásara, Mario Antonio Vargas Castro

IMPRESIÓN *PRINTING*
Impreso en China para Industrial Solutions of America LLC
Printed in China for Industrial Solutions of America LLC

DISTRIBUCIÓN *DISTRIBUTION*
Artrade, Germany - Industrial Solutions of America, USA
Industrial Solutions of Perú, Perú

AGRADECIMIENTOS *ACKNOWLEDGMENTS*
Al Gore, Autoridad Nacional del Medio Ambiente, Panamá (ANAM), Centro del Trópico Húmedo y del Agua para América Latina y el Caribe (CATHALAC), CONAF, Chile, Fundación Albatros Media, Panamá, Fundación Avina, Perú, Guardaparques, Parque Nacional de Coiba, Panamá, Guardaparques, Parque Nacional Puyehue, Chile, Instituto Antártico, Perú (INANPE), Instituto de Montaña, Perú, Instituto Nacional de Recursos Naturales, Perú (INRENA), Jorge Recharte, Manuel Rodríguez Echando, Maurice Strong, Mohammed Valli Moosa, NASA, USA, Paramount Pictures / Paramount Classics, USA, Roberto Arévalo, Smithsonian Institution, USA, Stanley Heckadon, William Laurence.
A Juan Francisco Pásara, por su invalorable apoyo.
To Juan Francisco Pásara for his invaluable support.

A mi querida familia: Carolina e Irene, Rodrigo y Matías. Alejandro Balaguer

To my beloved family Carolina e Irene, Rodrigo y Matías. Alejandro Balaguer

A mis padres, Eduardo y Elna, fuentes de mi propia vida. Anel Pancorvo

To my parents, Eduardo and Elna, the fountain of my own life. Anel Pancorvo

About 98 percent of the water on the planet is saline water contained in seas and oceans.

Alrededor del 98 por ciento del agua del

Una tormenta se aleja de la base antártica peruana Machu Picchu, en la isla Rey Jorge, Antártida.

A storm leaves the Machu Picchu Peruvian Antarctic base, King George Island, Antarctica.

PLANETA, CORRESPONDE A AGUA SALADA QUE SE ENCUENTRA EN MARES Y OCÉANOS.

Entre un 70 y un 75 por ciento del agua dulce superficial se halla

Between 70 and 75 percent of surface freshwater is contained in the form of glaciers and permanent settled show.

Nevado Huascarán, el más alto del Perú, en 1992. Hoy, que ya no abunda la nieve como antes, sigue retrayéndose.

The Huascarán snow peak, Peru's highest, pictured in 1992. Today, snow is not as abundant as it used to be, and it continues retreating.

ECOSYSTEMS, WHICH ARE RICH IN DIVERSITY AND FULFILL A
AMENTAL ROLE IN THE WATER CYCLE, MUST BE PROTECTED.

BOSQUES TROPICALES PRIMARIOS DE LA ISLA COIBA, EN PANAMÁ,
DEVUELVEN A LA NATURALEZA AGUA EN FORMA DE VAPOR.

*TROPICAL PRIMARY FORESTS IN COIBA ISLAND, PANAMA,
GIVE WATER BACK TO NATURE IN THE FORM OF STEAM.*

CUMPLEN UN PAPEL FUNDAMENTAL EN EL CICLO DEL AGUA, DEBEN SER PROTEGIDOS.

La Antártida alberga el 80 por ciento del agua dulce del planeta, porcentaje que

SE ESTÁ REDUCIENDO POR EL CALENTAMIENTO GLOBAL.

Antarctica contains 80 percent of freshwater on the planet, a percentage that is diminishing due to global warming.

Derrumbes de témpanos de hielo de un glaciar en la ensenada Mackellar, cerca a la base antártica peruana.

Ice shelves from a glacier in Mackellar Cove, near the Peruvian Antarctica base.

Embarcación remontando una laguna que se conecta con el río Manu, en Madre de Dios, Perú.

A boat navigates through a lagoon that is connected to the Manu River, Madre de Dios, Peru.

CONTENIDO ~ *CONTENTS*

Para proteger la complejidad de los ecosistemas acuáticos y asegurar su disponibilidad de agua para las generaciones futuras es necesario un cambio en la mentalidad de todos hacia una gestión social, económica y ambientalmente sostenible.

To protect the complexity of the aquatic ecosystems and to guarantee the availability of water for the future generations, it is necessary that each and every of us change our mentality towards a social, economic and environmentally sustainable management.

[Alan García Pérez]

Presidente de la República del Perú

President of the Republic of Peru

PRESENTACIÓN
PRESENTATION

El agua como elemento de vida ha estado presente en todas las civilizaciones alrededor del mundo y desde tiempos inmemoriales. No es coincidencia encontrar entonces la representación del agua simbolizada de muchas maneras, todas ellas relacionadas precisamente con seres que proporcionan sustento al cuerpo y al alma.

Sea como mar, río, lago o fuente, el significado del agua es de suma trascendencia tanto terrenal como espiritual. Desde el río Estigia, que unía el mundo de lo muerto y lo vivo en la antigua Grecia, hasta el lago Titicaca, hoy compartido por Perú y Bolivia, de donde según la leyenda surgieron los fundadores del Imperio Inca, el agua ha sido protagonista de innumerables historias y mitos fundacionales. Y en muchas de ellas ha personificado o ha

Water as an element of life has been present in all the civilizations around the world since the beginning of historic records. Thus, there is no coincidence to find the representation of water symbolized in many ways, all of them related, precisely, to beings that give sustenance to both body and soul.

Be it in the form of sea, river, lake or fountain, water has a transcendental meaning in the earthly and in the spiritual fields. From the Styx River, which formed the boundary between the living world and the underworld in ancient Greece, to the Lake Titicaca, nowadays shared by Peru and Bolivia, which according to legend was the place from which the founders of the Inca Empire came out; water has been the protagonist of

sido asociada con la mujer en su papel de madre, ya que es considerada un elemento de fertilidad pues da vida.

Por otro lado, el agua tiene en la humanidad un carácter purificador y lo vemos en casi todas las religiones que se profesan en la actualidad. En el cristianismo, el pecado original sólo puede ser borrado con el agua bendecida por un sacerdote, en un rito que recuerda que Jesús fue sumergido por Juan Bautista en el río Jordán.

El río Ganges, en la India, es visitado por millones de peregrinos que profesan el hinduismo y que cada doce años acuden a sus aguas en busca de un camino más corto al paraíso antes de volver a ser reencarnados.

El agua vive un ciclo eterno tanto en el ambiente como en el hombre. Dependemos de ella y

countless foundational stories and myths. And in many, it has been personified or associated to motherhood because water is an element of fertility for it brings life.

What is more, water also has the role of the ultimate purifier and we can see that in almost all religions that are professed nowadays. In Christianity, the original sin can only be remitted by water previously blessed by a priest, in a rite that recalls that Jesus was submerged into the Jordan River by John the Baptist.

The Ganges River, in India, is visited by millions of pilgrims who profess Hinduism, who each twelve years go back to its waters in search of a smaller road to paradise before they are reincarnated.

esta es la fuerza que motivó está publicación. Agua Madre, Verdades e Imágenes busca mostrarnos la fuerza creadora de este recurso, en un maravilloso viaje por los Andes, bosques tropicales y glaciares de indescriptible belleza donde la consigna es mostrar lo que aún tenemos, para así poder apreciarlo y respetarlo.

El agua es un recurso que hoy por hoy constituye una esperanza que se escurre de nuestras manos. Y es que somos nosotros mismos los que con un poco de reflexión y actos simples pero que demuestren que efectivamente somos una sociedad civilizada, los que lograremos salvar este líquido vital para así preservar nuestra propia vida y la de nuestras futuras generaciones.

Water lives a never ending cycle both in the environment and in humans. We all depend on it and that is precisely the force that encouraged this publication. Mother Water, Truths and Images, has the mission to show us the creating force of this resource through an awesome trip to the Andes, tropical rainforests and glaciers of astounding beauty, and whose motivation is to show what we still have and by doing so, make us appreciate and respect it.

Water is a resource that today has the form of hope that is slipping through our fingers. And it is us, with some little reflection and simple acts proving that we are a civilized society, who can save this vital liquid so that we can preserve our own life and that of our future generations.

ANEL PANCORVO PÁSARA
Directora Director
Graph Ediciones

Hielos de un glaciar fueguino se diluyen en el canal de Beagle, Tierra del Fuego.

Ice shelves of a glacier melt in the Beagle Channel, Tierra del Fuego.

El 71 por ciento de la superficie del planeta está cubierta por agua, de la que sólo una pequeña fracción es agua disponible para el uso humano.

Seventy one percent of the surface of the planet is covered by water, of which only a small fraction is available for human use.

Alan García Pérez
Presidente del Perú
President of Peru

Las fuentes de agua pura que brotan en los bosques tropicales, toman valor en un mundo amenazado por las sequías.

The sources of water in the tropical forests gain new value in a world that is menaced by drought.

PRÓLOGO

PROLOGUE

UN ENFOQUE SOCIAL CON MIRAS AL FUTURO DEL PAÍS. AGUA PARA TODOS

El agua es el más importante de todos los recursos naturales y es elemental para la supervivencia y mantenimiento de los ecosistemas. También es importante motor del desarrollo nacional; como recurso necesario para la generación de energía hidroeléctrica, la industrialización de los productos y el desarrollo de la agricultura, por lo que resulta esencial en la lucha contra la pobreza y el hambre. No en vano, el alcanzar los objetivos de desarrollo del milenio, que impulsan la atención de las necesidades de los más pobres acordados por todos los países y las principales instituciones del mundo dedicadas al desarrollo, depende del acceso seguro y suficiente al agua.

Para los más de trece millones de pobres del Perú, un servicio inadecuado de suministro de

A SOCIAL APPROACH TOWARDS THE FUTURE. WATER FOR ALL

Water is the most important of all resources as well as fundamental for survival and for the maintenance of ecosystems. It is also a crucial engine for national development; for it is a necessary resource for power generation, industrial transformation of products and agriculture evolving, thus resulting into an essential tool for the fight against poverty and hunger. Not in vain, to reach the development goals of the millennium, which prompt the attention on the poorest according to what was agreed by all countries and by the main international institutions

agua aumenta sus costos de subsistencia, disminuye su potencial de ingresos, afecta su bienestar y hace más riesgosa su vida. Obtener agua, para muchos, se restringe a abrir un caño y los servicios se dan por hecho, mientras que para la inmensa mayoría de la población en pobreza implica hacer largos viajes en busca de ríos, lagunas o lagos, o comprarla en baldes o bidones. La falta de acceso al agua amenaza la vida, destruye oportunidades y socava la dignidad humana. Nos somete a padecer efectos negativos en la salud, aumentando las tasas de morbilidad y disminuye la capacidad de trabajo y de generación de ingresos. Por ello, las relaciones entre agua y pobreza, y su incidencia en el logro de los objetivos ambientales y sociales son temas que los gobernantes no debemos dejar de atender como prioridad para el desarrollo de nuestros pueblos.

El valor del agua descansa en tres pilares; el económico, social y el ambiental. Su aprovechamiento debe basarse en el equilibrio permanente entre ellos para lograr un futuro con justicia social y el anhelado desarrollo sostenible, impulsar la lucha contra la pobreza, la desigualdad y la exclusión social.

Es un recurso natural, vital y vulnerable que se renueva a través del ciclo hidrológico; se evapora de los mares, ríos, lagos, superficies terrestres o se evapotranspira de los bosques, forma las nubes que se condensan y se precipita en forma de lluvia, nieve o granizo, regresando a la tierra para luego volver a evaporarse y así sucesivamente. Es la base de la vida, forma

that work on development, depends on the safe and sufficient access to water.

To the more than thirteen million of poor in Peru, an inadequate service of water supply increases their costs of subsistence, reduces their income potential, affects their welfare and makes their lives riskier. For many, to obtain water is as easier as turning the tap on and the service is taken for granted, but for the immense majority of the population living in poverty, getting water implies whether doing long trips to rivers, lagoons or lakes, or buying it in buckets or jerrycans. The lack of access to water is life-menacing for it destroys opportunities and undermines human dignity. It also submits us to suffer negative effects on our health, thus increasing the mortality rates and diminishing the capacity to both work and generate income. That is why the linkage between water and poverty and its incidence on environmental and social objectives are issues that governments can not leave unattended because they are a priority in the development of our people.

The value of water lies on three pillars; the economic, the social and the environmental. Its use must be based on the permanent balance among them in order to achieve both a future ruled by social justice and the so longed sustainable development, as well as to encourage the fight against poverty, inequality and social exclusion.

It is a natural resource that is vital as well as vulnerable, that renews throughout the hydrological cycle; it evaporates from oceans, rivers,

parte integrante de todos los organismos y en ella se desarrollan ecosistemas de gran valor ecológico y social. Por ello, para proteger la complejidad de los ecosistemas acuáticos y asegurar su disponibilidad de agua para las generaciones futuras es necesario un cambio en la mentalidad de todos hacia una gestión social, económica y ambientalmente sostenible.

El 71 por ciento de la superficie del planeta está cubierto por agua y de esta, sólo una pequeña fracción se encuentra disponible para el uso humano. Si ejercemos más presión sobre el recurso; ya sea por el crecimiento demográfico, la intensificación de actividades económicas, migraciones y cambios tecnológicos, perturbamos la dinámica de los ecosistemas y con ello la posibilidad de asegurar su disponibilidad en el largo plazo.

Los recursos de agua en el Perú son abundantes, aquí está el 5 por ciento del total mundial de agua disponible. Contamos con 12,201 lagunas en la sierra, más de 1,007 ríos y un nivel de precipitación pluvial de entre 100,000 y 300,000 metros cúbicos por segundo en el río Amazonas. Somos un país privilegiado, aquí nace la cuenca amazónica, la más importante del planeta, compartida por ocho países y unida por el río más caudaloso del mundo, el Amazonas o Apu Paru en lengua nativa. Nace en la cordillera de los Andes del Perú, recorre 6,762 kilómetros desde sus orígenes hasta el océano Atlantico y cinco ríos se combinan para formarlo (el Apurímac, el Huallaga, el Mantaro, el Marañon y el Urubamba-Vilcanota).

lakes, terrestrial surfaces or from forests through evapotranspiration, forms clouds that condensate and give way to rain, snow or hail, turning back to the ground to evaporate again, and successively that way. Water is the basement of life, it forms an integrate part of every organism and makes the occurrence of ecosystems of great ecological and social value possible. Therefore, to protect the complexity of the aquatic ecosystems and to guarantee the availability of water for the future generations, it is necessary that each and every of us change our mentality towards a social, economic and environmentally sustainable management.

Seventy one percent of the surface of the planet is covered by water and out of it, only a small portion is available for human consumption. If we put more pressure on the resource, be it either for demographic growth, intensification of economic activities, migration or technologic change, we disturb the dynamics of ecosystems affecting that way the possibility to secure its long-term availability.

Water sources in Peru are abundant. The country accounts for five percent of the disposable water in the world. We have 12,201 lagoons in the highlands, more than 1,007 rivers and a pluvial level between 100,000 and 300,000 cubic meters per second in the Amazon River. We a privileged country, the Amazon Basin, the most important on the planet, originates here, and then spreads to be shared by eight countries and united by the largest

Uno de los grandes retos que enfrentan países como el Perú para mejorar la calidad de vida de la población, es establecer una adecuada gestión del agua considerando un enfoque integrado de cuencas que contemple las interrelaciones entre sus diferentes niveles (cuencas altas, medias y bajas), así como la variabilidad de su cantidad y calidad en el tiempo y en el espacio. De aquí la importancia de la formulación de políticas y estrategias que contribuyan a mejorar la calidad de vida de los pobladores urbanos y rurales incluyendo el ordenamiento territorial, la equitativa distribución del recurso, el mejoramiento de la calidad y cantidad de agua, la adaptación a los efectos del cambio climático y su mitigación, así como el uso sostenible de los recursos forestales.

Las amenazas asociadas al agua surgen de una inadecuada relación entre hombre y naturaleza en un contexto de desarrollo económico desequilibrado. Ejemplo de estas son las heladas, los tsunamis, huracanes, huaycos, sequías, granizadas e inundaciones, así como la desertificación, las precipitaciones pluviales extremas, los deslizamientos y el retroceso de glaciares tropicales que además de representar una enorme belleza paisajística, son una importante fuente de agua y energía para los países de la región.

Todas estas amenazas se ven exacerbadas por el cambio climático, cuyos efectos se reflejan en un aumento de frecuencia e intensidad de eventos climáticos extremos. Este es un importante factor adicional de presión sobre la

river in the world by volume, the Amazon or Apu Paru in the native language. It is born in the Peruvian Andes, formed by the combination of five rivers (Apurímac, Huallaga, Mantaro, Marañon and Urubamba-Vilcanota), and runs through 6,762 kilometers from the snow peak were it originates to the Atlantic Ocean.

One of the big challenges that countries like Peru face to improve the life quality of people is to establish an adequate water management that contemplates an integrated approach on drainage basins aimed to consider the relationships among its different course levels (upper, middle and lower), as well as the variability of quantity and quality in time and space. This is why it is important to formulate policies and strategies aimed to contribute to improve the quality of life of both urban and rural populations, including into this new outlook the arranging of territorial issues, the equitable allocation of the resource, the improvement of water quality and quantity, the adaptation to the effects of climate change and its mitigation, as well as the sustainable use of the forest resources.

The perils associated to water arise from an inadequate relationship between men and nature in a context of unbalanced economic development. An example of this are the frosts, tsunamis, hurricanes, flash floods, drought, hailstorms and flooding, as well as desertification, extreme rainfalls, landslides and the retreat of tropical glaciers, which besides being a landscaping beauty, are an important source of water and energy to the countries in Latin America.

capacidad de algunos sistemas naturales para que proporcionen, de manera sustentable, los bienes y servicios necesarios para el desarrollo económico y social; en particular para el abastecimiento de agua dulce, aire y alimentos de calidad, refugio, energía, salud y empleo necesarios para un desarrollo social sostenido.

Más del 60 por ciento del territorio peruano está cubierto por bosques, que son reguladores del ciclo hidrológico. Son los encargados de la captación de aguas en las zonas altas, protegen el suelo de la escorrentía, promueven la infiltración, con sus raíces toman agua del suelo y a través de sus hojas, mediante la evapotranspiración, el agua es devuelta a la atmósfera. Estos bosques son parte del equilibrio que debe considerarse al hablar de la importancia del agua y su gestión. La deforestación es el principal proceso de degradación de los bosques y afecta directamente el ciclo hidrológico, la cantidad y calidad de agua. Para contrarrestar este efecto, el Perú ha iniciado una intensa campaña de promoción de la reforestación, no sólo con fines comerciales, sino de protección de cabeceras de cuencas y laderas, pues así disminuirá la desestabilización del suelo, evitando inundaciones y favoreciendo la captación de agua.

El proceso de desertificación, que no es sino el proceso de degradación de las tierras desencadenado por la explotación insostenible de los recursos hídricos, incluidos la contaminación química, la salinización y el agotamiento de los acuíferos, poniendo en peligro la salud y los medios de vida de más de mil millones de

All of these menacing phenomena are exacerbated by climate change, whose effects can be seen in the increase of the frequency and intensity of extreme weather events. This is an important additional factor of pressure on the capacity of some natural systems to provide, in a sustainable way, with the goods and services that are necessary for the social and economic development; particularly for the supply of drinking water, air and food, as well as for refuge, energy, health and employment in order to achieve a sustainable social development.

More than sixty percent of the Peruvian territory is covered by forests, which regulate the hydrological cycle. They are also in charge of water assimilation in the higher altitudes, they protect the soil from surface runoff, prompt infiltration, absorb groundwater with their roots and with their leaves, through evapotranspiration, they bring water back to atmosphere. These forests are part of the balance that must be considered when we talk about the importance of water and its governance. Deforestation is the worst process in forest degradation and it affects directly the hydrological cycle as well as water quantity and quality. To counteract this effect, Peru has started up an intense promotional campaign on reforestation, not only for commercial purposes, but also for reasons related to the protection of basins headwaters and hills, because that way ground destabilization will decrease thus avoiding flooding and favoring water catching.

personas, es causa de graves daños ambientales y de pérdidas de la cubierta vegetal. En el Perú, la reconversión de cultivos en costa acompañada con la eficiente utilización de recursos hídricos a través de mejores sistemas de riego, busca evitar la salinización de suelos que implicaría pérdidas incalculables en la agricultura.

El deterioro de la calidad del agua impide su abastecimiento directo para consumo humano. La contaminación del agua comienza con la industrialización, que requiere para sus procesos grandes volúmenes de agua para la transformación de materias primas y vierte los efluentes de dichos procesos productivos en los cauces naturales (ríos, lagos y lagunas). Cada segundo, la industria, las ciudades, las zonas agrícolas, vierten toneladas de residuos a los ríos y a las costas. Las mejoras tecnológicas han logrado reducir de alguna forma el volumen y tipo de contaminantes vertidos en los cauces, pero ello no ha ocurrido ni en la forma ni en la cantidad necesarias para que el problema de contaminación de las aguas esté resuelto. Este es un problema adicional a resolver, el deterioro de la calidad del agua, que supone un grave problema ambiental, económico y social que limita aún más el uso de un recurso ya de por sí escaso.

Hay que fomentar una cultura del agua en todos los niveles, en cada familia, en grupos profesionales, impulsando la investigación e intercambio de experiencias de las comunidades científicas y los tomadores de decisiones internamente en cada país, pero también y sobre todo con los demás países, considerando

The process of desertification, which is nothing but the degradation process of soil provoked by the unsustainable exploitation of hydrological resources, including chemical pollution, soil salination and the depletion of aquifers, thus putting under risk the health and living means of more than a thousand million people, is the cause of severe environmental damage and the loss of vegetation. In Peru, the restructuring of crop activities on the Coast, joined by the efficient use of the hydrological resources through the application of improved irrigation systems, is aimed to avoid soil salination because that would imply unaccountable losses in agriculture.

The deterioration of water quality is preventing its direct supply for human consumption. Water pollution begins with industrialization, which requires huge amounts of water for the transformation of raw materials and which drains the effluents of such productive processes into the natural courses (rivers, lakes and lagoons). Each second, industry, cities and crop zones drain tons of waste into rivers and to the sea shores. Technological improvements have reduced in some way the volume and type of pollutants drained into courses, but that has neither happened in the way nor in the amount necessary to solve the problem of water contamination. This is an additional issue that has to be appointed, the deterioration of water quality, which is a severe environmental, economic and social problem that further limits the use of a resource that is scarce per se.

que el sistema climático y el ciclo hidrológico son uno en todo el planeta. Hay que desarrollar una agenda común, coordinar acciones conjuntas y consensuadas que permitan que este vital recurso esté disponible para la continuidad del ciclo de la vida y desarrollo de cada uno de nuestros países.

El lograr satisfacer las necesidades de los más pobres a través de la expansión del abastecimiento de agua y saneamiento no es gran ciencia; no requiere de sumas colosales de dinero, ni tampoco de grandes descubrimientos científicos o dramáticos avances tecnológicos.

Requiere de la decisión política que impulse una adecuada gestión y distribución del recurso. Agua para Todos surge de la necesidad de una acción determinada del Estado para satisfacer las necesidades de agua potable de los más pobres del país, reasignando los recursos de tal manera que los fondos sean dirigidos a los pobres desatendidos en coordinación con los gobiernos regionales y locales para que participen en la gestión de su propio recurso, incluyendo en el diseño de intervención el rol ambiental del agua.

El reto es lograr una gestión integral del recurso hídrico, con la cuenca como unidad básica de planeamiento y gestión, considerando los

The water culture must be promoted in every level, in each household as well as in professional groups, thus encouraging research and experience exchange among scientific communities and decision makers in each country, but also and especially among countries, because the climate system and the hydrological cycle are just one on the entire planet. A common agenda must be made, and joint and consensus-agreed actions must be coordinated so they can allow this vital resource be available to assure the continuity of the life cycle and the development of each of our countries.

The satisfaction of the needs of the poorest through the broadening of water supply and sanitation is not grand science; it does not require colossal amounts of money, great scientific discoveries or dramatic technological advances. It does require the political decision aimed to prompt an adequate management and allocation of the resource. Water for All was born from the urge of a decided action from the State aimed to satisfy the needs for drinking water of the poorest in the country, reallocating the monetary resources in a way that funds are directed to the unattended poor populations. This task is conducted in coordination with regional and local governments, so that they can take part in the management of their own resource. It has to be mentioned that the designing of each of these programs must include the environmental role of water.

requerimientos del manejo del medio ambiente y los recursos naturales como eje fundamental para poder impulsar un verdadero desarrollo. El agua es un factor determinante para asegurar la gobernabilidad. En vista que las responsabilidades para el manejo del agua están distribuidas en diferentes organismos públicos y organizaciones de usuarios, la coordinación, difusión y educación de estos y su participación es trascendental para lograr una mayor legitimidad social y garantizar los principios de equidad y justicia social, propiciando un modelo de gestión del agua que recupere la visión social y el rol ecológico de este recurso.

Considerando que el Estado debe asegurar que el uso y aprovechamiento del recurso hídrico se efectúe en condiciones racionales que aseguren la recuperación y regeneración de los ecosistemas involucrados, en beneficio de las generaciones futuras, somos los gobernantes los encargados de hacer cumplir los derechos de los habitantes de nuestros países, derecho al acceso al agua potable, al agua para el desarrollo de actividades económicas como la agricultura, pero también somos los llamados a hacer cumplir los deberes de un uso apropiado, consciente y responsable, valorando este recurso escaso que es fuente de vida para toda la humanidad.

The challenge is to achieve an integrated management of the resource, having the drainage basin as the basic unit of planning and governance, taking into account the requirements of environment and natural resources management as the fundamental axis in order to truly prompt development. Water is a crucial factor to guarantee governance. Given that the responsibilities to manage water are distributed among different public agencies and consumer organizations, coordination, diffusion and education as well as their participation is transcendental to achieve a stronger social legitimacy and to guarantee the principles of equality and social justice, thus prompting a water management model that recovers the social view and the ecological role of this resource.

Considering that the State must assure that the use and consumption of the hydrological resource has to be done under rational conditions that guarantee the recovery and regeneration of the participating ecosystems, thus benefiting the future generations, we the rulers are the ones in charge to make the rights of the inhabitants of our countries be respected; the right to access to drinking water, as well as water for the development of economic activities such as agriculture. But we also are the ones who can make the duties of a conscious and responsible adequate use of water be fulfilled, thus bringing value to this scarce resource that is a source of life for the entire humankind.

DR. ALAN GARCÍA PÉREZ

Presidente de la República del Perú

President of the Republic of Peru

La parte más vulnerable de nuestro sistema ecológico es la atmósfera. Y es vulnerable porque es muy delgada... Eso nos lleva a las bases del calentamiento global.

The most vulnerable part of our ecological system is the atmosphere. And it is vulnerable because it is extremely thin... This leads us to the basis of global warming.

Al Gore

Ex vicepresidente de los Estados Unidos de América

Former Vice President of the United States of America

Amanece en el mar de Bransfield, Isla Rey Jorge, Antártida.

Day breaks at the Bransfield Strait, King George Island, Antarctica.

Introducción

INTRODUCTION

Se hace difícil pensar en un mundo sin agua. Sobre todo en los Andes peruanos y en el resto de América, donde el líquido vital abunda en múltiples formas. Lagos, lagunas, ríos, nieves y hielos se cuentan como en pocos lugares de la Tierra. Aún conociendo acerca de los estragos del calentamiento global, es necesario un ejercicio extraordinario de la imaginación para concebir a nuestro continente sin agua. Porque la tenemos. Aunque no sabemos a ciencia cierta por cuánto tiempo más.

Este don que proviene de la madre naturaleza no ha sido concedido a la gran mayoría del planeta con la misma generosidad con que lo hizo en América. Las sequías, el derretimiento de los polos, y la devastación de los bosques y de los hielos, están conduciendo a la humanidad a enfrentarse a un futuro incierto.

It is hard to imagine a world without water. Especially in the Andes and in the rest of the Americas, where the liquid abounds in multiple forms. Lakes, lagoons, rivers, snow and ice are present in an amount that is difficult to find in other parts on Earth. Even knowing about the ravages of global warming, an extraordinary exercise of imagination is needed to conceive our continent without water. Because we have it. But we do not certainly know for how longer, though.

This gift from Mother Nature has not been conceded to the great majority of the planet with the same generosity that was given out to the Americas. And droughts, polar ice melting, and the devastation of forests are leading humankind to face an uncertain future.

Es que los cambios climáticos no son tema de ciencia ficción. Porque sí es cierto que todos los glaciares del planeta, que surten del líquido vital a miles de millones de seres humanos, se están retrayendo.
El hecho es que el agua ha empezado a tomar mayor valor en los últimos tiempos. América Latina es un mundo acuático y podría seguir siéndolo sólo si se conservan sanas las fuentes hídricas que propician la biodiversidad en los innumerables ecosistemas formados por sus valiosas cuencas.

Es la intención de este libro despertar la conciencia de nuestros pueblos por el valor de este recurso compartido e indispensable para nuestra existencia como especie.

The weather changes are not science fiction. It is real that all glaciers on the planet, which supply with the vital liquid to thousands of millions of human beings, are retreating.

The true fact is that water has begun to gain a greater value in recent times. Latin America is an aquatic world and it could keep on being so only if the water sources that propitiate biodiversity in the countless ecosystems formed by its valuable basins are safely preserved.

It is the intention of this book to awake the consciousness of our peoples on the value of this resource, which needs to be shared and which is indispensable to our existence as a species.

ALEJANDRO BALAGUER
Asociación Andes y Mares

En veinte años, posiblemente, la Cordillera Blanca en Perú va a ser muy parecida a la Cordillera Negra, es decir, casi sin glaciares. Eso tiene implicancias tremendas para el agua.

In twenty years time, the White Range in Peru will possibly be very similar to the Black Range, that is, nearly without any glaciers. This has tremendous effects on water.

Jorge Recharte
Instituto de Montaña
The Mountain Institute

Laguna de Chinancocha (laguna mujer) en la Cordillera Blanca, Perú.

Chinancocha Lagoon (female lagoon) in the White Range, Peru.

“La parte más vulnerable de nuestro sistema ecológico es la atmósfera. Y es vulnerable porque es muy delgada”

“The atmosphere is the most vulnerable part of our ecological system. And it is vulnerable because is very thin”

[**Al Gore**]

Ex Vicepresidente de los Estados Unidos de América

Former Vice President of the United States of America

CAPÍTULO I Apus que dan vida

CHAPTER I
Gods that give out life

[Jorge Recharte Bullard, Ph.D.
y Roberto Arévalo]
Instituto de Montaña-Fundación Avina, Perú

Los Andes peruanos son nuestra fuente de agua. Históricamente, la cosmovisión del poblador andino ha concebido su relación con la naturaleza en términos de reciprocidad: para que la tierra produzca y el agua haga posible la producción y la abundancia, hay que presentarle ofrendas (Reinhart 1997; TMI y Urpichallay, 2002). Este respeto se manifiesta en la cultura del agua, evidente en rituales, fiestas del agua, tecnologías de riego, intercambios de trabajo en el riego y en las instituciones de manejo de agua. Estas prácticas construyen identidad comunal, es decir, sentido de pertenencia al lugar y al grupo social. La identidad comunitaria se consolida en el culto a las montañas tutelares (*apu*), incluso en comunidades integradas al mercado nacional y a la migración internacional.

Coincidentemente, las cumbres asociadas con los *apu* son origen del agua, de tal manera que hay una relación evidente entre cultura, sociedad y naturaleza en este asunto específico. La defensa colectiva de los derechos grupales al agua se expresa en códigos y prácticas andinas de manejo de los recursos naturales, tal como ocurrió en la lucha de las comunidades altas de la cuenca del río Colca afectadas por la extracción de agua para el proyecto de irrigación Majes, en Arequipa (Gelles, 2000). Esta riqueza cultural contrasta con usos y costumbres de la población que son fuente constante de contaminación del agua y la carencia de conocimientos adecuados entre la población campesina acerca de sus impactos en la calidad del agua que beben. En términos de

Peruvian Andes are our water source. Historically, the cosmovision of the Andean people has conceived their relationship with nature in term of reciprocity: in order for the land to produce and the water to make that production and abundance possible, it is needed to present it with gifts (Reinhart 1997; TMI and Urpichallay, 2002). This respectful behavior shows in the culture of water and is evident in rituals, festivities, irrigation techniques and in the institutions that manage water allocation. These practices build up communal identity, that is, a sense of belonging to the place they live and their social group. Communal identity consolidates itself in the cult to the sacred mountains (*apu*), even in communities that are integrated to the national market and to the international migration.

Coincidently, the peaks associated to the *apu* are the origins of water; therefore there is an evident relationship among culture, society and nature in this specific matter. The collective defense of the group rights to water is expressed in codes and practices to manage natural resources, just the way it happened when the upper communities of the Colca River struggled against the extraction of water that was being performed at the Majes irrigation project, in Arequipa (Gelles, 2000). This cultural wealth contrasts with the customs of people that are constant sources of water pollution and the lack of adequate knowledge in the

Coloso andino: el nevado Coropuna, Arequipa, Perú.

Andean colossus: the Coropuna snow peak, Arequipa, Peru.

recursos hídricos, el Perú es un país privilegiado, en teoría, al poseer alrededor de 5% del agua fresca del mundo, aunque desde el punto de vista de la realidad del uso humano, muy poca de esta agua se encuentra en la vertiente occidental donde vive la mayoría de su población. En la costa, se estima que hay 2,530 m^3/año de aguas superficiales por cada habitante (por debajo del promedio mundial de 8,500 m^3), mientras que en la vertiente del Atlántico cada habitante dispone de 450,000 m^3 (Ministerio de Agricultura, 1995). Evidentemente, las estadísticas del agua dicen poco en si mismas, pues como sucede con todo recurso, su uso y valor es relativo, pero sin duda la conservación del agua es emblemática de la urgencia de ordenar ecosistemas y recursos naturales y actuar concertadamente por el objetivo común de preservar su calidad y cantidad.

El agua como elemento indispensable para la vida se origina en las montañas. Su origen en las cumbres es natural y social. El agua es incorporada en los procesos del ecosistema y transportada, almacenada (natural o artificialmente), a veces tratada y normalmente usada por los seres humanos. Así, el agua se convierte en un producto social, sujeto de objetivos humanos y decisiones de uso y manejo, generalmente en competencia y conflicto, en un contexto histórico de relaciones de poder entre los distintos grupos de interesados en su destino.

Las 20 cordilleras glaciares del Perú, que forman en su accidentada geografía lagunas,

peasant population about the impacts on the quality of water they drink.

In terms of hydrologic resources, Peru is in theory a privileged country, for it accounts for about five percent of the freshwater in the world though from the point of view of human utilization, very little of that water flows through the western side of the Peruvian Andes which is where the majority of Peruvians live. The volume of surface water on the Coast is estimated at 2,530 cubic meters per year per person (well above the world average of 8,500 cubic meters), while on the eastern side of the Andes each person can count on 450,000 cubic meters per year (Ministry of Agriculture, 1995). It is true that statistics speak very little, though, because as it happens to all resources, their use and value is relative. But there is no doubt that water conservation is emblematic due to the urge to put ecosystems and natural resources in order and to act in a coordinated platform to pursue the common goal of preserving its quality and quantity.

As an indispensable element for life, water originates in the mountains. And that origin is both natural and social. Water is incorporated in the processes of ecosystems and then transported, stored (by natural or artificial means), sometimes it is also treated and is normally used by humans. Thus,

quebradas, ríos y puquiales, son puntos de origen del agua. Según los estudios realizados por el Instituto Nacional de Recursos Naturales (INRENA), el recurso hídrico está definido por la cordillera de los Andes, que divide el territorio en tres grandes vertientes hidrográficas: el sistema de la vertiente del Pacífico, orientado hacia la costa, está formado por 53 cuencas que tributan sus aguas desde las cumbres de las cordilleras Central y Occidental, que conservan sus aguas en 3,836 lagunas.

water becomes a social product that is subjected to human objectives, usage and management decisions, generally under competition and conflict, and within a historic context of power relationships among the groups who are interested in its different ways of usage.

The twenty glacier mountain ranges in Peru, which in their irregular geography form lagoons, rivers and springs, are points of water origin. According to the studies by the National Institute of Natural Resources of Peru (INRENA), the hydrologic resource is determined by the Andes, which divide the territory into three big hydrographic basins. First is the Pacific system, oriented towards the Coast, which comprises fifty three basins that tribute their water that is originated at the peaks of the Central and Western ranges, which store it in 3,836 lagoons.

Second is the Atlantic system which comprises forty four Amazon basins whose water flows to the Atlantic Ocean. This system stores water in 7.441 lagoons. Lastly, the Titicaca system comprises nine basins that flow to the Titicaca Lake and store water in 841 lagoons. Nationwide, there are 106 hydrographic basins and 12,118 lagoons. These basins spread out in one of the most complex mountain topographies of the world and contain the surface and groundwater of the country.

El sistema de la vertiente del Atlántico está constituido por 44 cuencas amazónicas cuyas aguas son vertidas al océano Atlántico; esta vertiente reserva sus aguas en 7.441 lagunas. Finalmente, el sistema de la vertiente del Titicaca está conformado por nueve cuencas que vierten sus aguas directamente al lago Titicaca y poseen un total 841 lagunas. A nivel nacional, son 106 las cuencas hidrográficas y 12,118 las lagunas. Estas cuencas, que se despliegan en una de las topografías de montaña más complejas del mundo, son las que contienen las aguas superficiales y subterráneas del país.

El sistema de agua dulce disponible en lagunas y humedales ha sido muy poco estudiado y menos aún lo ha sido el sistema subterráneo. Como en el caso de los pastizales naturales, el estudio de la ecología de esta inmensa colección de lagunas y fuentes de agua dulce, así como el análisis estratégico de su potencial

para el desarrollo de montañas desde una perspectiva cultural, política, productiva, paisajística y de sus servicios ambientales, es aún tarea pendiente.

A pesar de la gran disponibilidad de agua, en el Perú las poblaciones enfrentan problemas de escasez, principalmente en la costa donde está concentrada la mayor demanda. Una característica importante de los ríos en el país es el régimen temporal e irregular de sus caudales, con un corto período de abundancia y prolongado período de estiaje. En este ambiente de montaña, el patrón estacional y los factores micro climáticos causan una gran variedad y discontinuidad de caudales (DGAS, 1996), mientras que los factores de riesgo geológico, como las avalanchas, crean un entorno de riesgo. Esta condición estructural se traduce, todos los años, en titulares en los diarios anunciando sequías, inundaciones y otras catástrofes.

La situación de escasez de agua para el desarrollo de la agricultura en tierras de la costa y la creciente demanda y presión política de la población urbana, han llevado históricamente a los gobiernos a realizar inmensas inversiones en proyectos de irrigación y abastecimiento doméstico con la finalidad de regular y derivar aguas de las cuencas andinas (Chang, 2000).

Un claro ejemplo es el proyecto de Marcapomacocha, que trasvasa aguas de la vertiente

The system of disposable freshwater in lakes and wetlands has been scarcely studied, let alone the groundwater system. As is the case of prairies, the study of the ecology of this immense collection of lagoons and freshwater fountains, as well as the strategic analysis of their potential in terms of the development of mountains from a cultural, political, productive and landscaping perspective is still a pending assignment.

Despite the great disposability of water, the Peruvian population faces scarcity problems, mainly in the Coast, where the largest demand is concentrated. One important characteristic of the rivers in the country is that they carry temporal and irregular flows, discharging only during a short period of time. In this mountain environment, the seasonal pattern and the micro climatic factors cause a great variety and discontinuity of discharge (DGAS, 1996), whereas the geological risk factors, such as avalanches, create a perilous environment. These structural conditions translate, every year, into headlines announcing droughts, flooding and other catastrophes.The scarcity of water for the development of agriculture in the Coast and the growing demand and the political pressure of the urban population, have historically led governments to make huge investments on irrigation and domestic supply projects aimed to regulate and diverge water from the Andean basins (Chang, 2000).

oriental a la vertiente occidental para asegurar el agua de Lima hasta el año 2030. Se estableció que el escurrimiento medio anual es de 2 billones de metros cúbicos al año y el volumen anual de represamiento aprovechable en hielos, ríos y lagunas, de 51,200 millones de m^3/año (ONERN, 1980), total del que actualmente se usan 22,200 m^3/año, principalmente (72%) para el consumo de la población asentada en la cuenca del Pacífico.

A clear example of that is the Marcapomacocha Project, which will diverge water flows from the Eastern side of the Andes to the Western side in order to secure the water supply for Lima by year 2030. The annual drainage average was established at two trillion cubic meters and the usable volume of storage in glaciers, rivers and lakes at 51,200 million cubic meters annually, of which 22,200 cubic meters are being used annually, mainly (72 percent) consumed by the population of the Pacific system.

Similarly, the Majes Project was an investment of more than a thousand million dollars and was built to store water originated in the upper basin of the Colca River and direct it to the Coast. In both projects, the roles of the mountain ecosystems, the ancestral rights to water, its importance to the community subsistence, its linkage to the cult to the mountain, and the sacred spaces of communities, are a dimension that remains totally out of sight from the technocratic view of the Government (Gelles, 2000).

Out of the total amount of disposable water in Peru, 98 percent flows through the Eastern side of the Andes down to the Atlantic Ocean. In Amazonia, the agricultural usage accounts for 18 percent of the national demand. In contrast, the growing coastal

De manera similar, el proyecto Majes en Arequipa representó una inversión superior a mil millones de dólares para captar agua originada en la cuenca alta del Colca para la costa. En ambos proyectos, las funciones de los ecosistemas de montaña, los derechos ancestrales al agua, su importancia para la subsistencia comunitaria, su relación con el culto a las montañas y los espacios sagrados de las comunidades, son dimensión totalmente fuera del campo de visión tecnocrática del Estado (Gelles, 2000).

Del total de agua disponible en el territorio del Perú, el 98% discurre desde las montañas por las vertientes orientales hacia el océano Atlántico. En la Amazonia, el uso agrícola representa 18% de la demanda total nacional. Por contraste, la creciente población de la costa, 67% del total en Perú, dispone de sólo 2% del agua y su demanda equivale a 80% del uso nacional. Considerando esta escasez relativa, una visión estratégica de muestras reservas en la vertiente del Pacífico

debe evitar criterios orientados únicamente a la extracción, promoviendo un marco ecosistémico y sociocultural para el manejo sostenible del agua.

Nota del editor: El Instituto de Montaña es una entidad privada internacional sin fines de lucro comprometida en la conservación de los ambientes de montaña y en la promoción de las culturas que albergan a nivel mundial. El instituto coordina programas integrados de conservación de los recursos naturales y culturales, desarrollo comunal y educación en los Apalaches (Estados Unidos), el Himalaya (India, Nepal y Tíbet) y los Andes (Perú y Ecuador), las cadenas de montañas más antigua, más alta y más larga del mundo, respectivamente. En los Andes, el Instituto de Montaña desarrolla sus actividades en la Reserva de Biósfera Huascarán (Cordillera Blanca) y en la cordillera de Huayhuash.

population –the 67 percent of the total- has at its disposal just 2 percent of water and their demand equals 80 percent of the national usage. Considering this relative scarcity, a strategic vision of our reservoirs on the Pacific system must avoid criteria that are exclusively oriented to extraction, therefore promoting an ecological-oriented and socio-cultural scheme that will secure the sustainable management of water.

Note from the editor: The Instituto de Montaña is a non-profit international private entity committed to the conservation of the mountain environments and the promotion of the cultures that live there. The organization coordinates the implementation of integrated programs for the conservation of both natural and cultural resources, community development and education in the Appalachians (United States), the Himalaya (India, Nepal and Tibet) and the Andes (Peru and Ecuador), respectively the oldest, the highest and the longest mountain ranges in the world. In the Andes, the Instituto de Montaña develops its activities in the Biosphere Reserve of Huascarán (the White Range) and in the Huayhuash mountain range.

<<(

Al pie del nevado Illimani, se extiende la ciudad de La Paz, Bolivia.
The city of La Paz, Bolivia, lies at the foot of the Illimani snow peak.

En los Andes, un quinto de los glaciares ha desaparecido y los más pequeños ya no existen.

A fifth of the glaciers in the Andes has disappeared and the smallest ones no longer exist.

Jorge Recharte
Instituto de Montaña
The Mountain Institute

Nevados de la cordillera de Vilcabamba, vistos desde Machu Picchu, Perú.

Snow peaks of the Vilcabamba mountain range seen from Machu Picchu, Peru.

Campos de cultivo son regados sabiamente en los alrededores de Chavín, Perú.

Crop fields are wisely irrigated in the outskirts of Chavín, Peru.

<<

El agua fluye desde hace siglos por los acueductos de los incas en Tipón, Perú.
For centuries, water has flowed through the Inca aqueducts at Tipón, Peru.

Parcelas de cultivos a la espera del fin de la sequía en el Callejón de Conchucos, Perú.

Farming plots wait for the end of the dry season at the Conchucos Valley, Peru.

En los dominios del cóndor, el río Apurímac marca su paso por el árido cañón, Perú.

In the dominions of the condor, the Apurímac River marks its pace through the arid canyon, Peru.

Los recursos de agua en el Perú son abundantes. Aquí está el 5 por ciento del total mundial de agua disponible.

Water resources in Peru are abundant. It accounts for 5 percent of the available water in the world.

Alan García Pérez
Presidente del Perú
President of Peru

El nevado Verónica se destaca frente a los campos de Moray, Perú.

The Verónica snow peak stands out in front of the Moray fields, Peru.

El río Mosna permitió el surgimiento de la cultura Chavín, que ejerció su dominio en los Andes peruanos.

The Mosna River allowed the birth of the Chavin Culture, which dominated the Peruvian Andes.

>>

En La Merced, en la selva central del Perú, los bosques amazónicos expelen agua en forma de vapor.
In La Merced, at the center of the Peruvian jungle, Amazon forests expel water in the form of steam.

Entre la biodiversidad del bosque tropical: catarata conocida como El Velo de la Novia, en la selva central del Perú.

Between the biodiversity of the tropical forest: a waterfall known as The Bride's Veil, in the Peruvian central jungle.

<<

La Catarata de Bayoz, en la selva central peruana, presenta caidas de agua de más de 50 metros de altura.

The waterfall of Bayoz, in the middle of the Peruvian jungle, flows from a height of more than 50 meters.

Somos un país privilegiado. Aquí nace la cuenca amazónica, la más importante del planeta, compartida por ocho países y unida por el río más caudaloso del mundo.

We are a privileged country. Peru is the birthplace of the Amazon basin, which is the most important on the planet, shared by eight countries and united by the largest river in the world by volume.

Alan García Pérez
Presidente del Perú
President of Peru

Un mundo acuático en el río Pacaya, selva peruana.
An aquatic world in Tambopata, Peruvian jungle.

CAÍDA DE AGUA EN LA REMOTA CORDILLERA DE VILCABAMBA, DONDE NACEN LAS CUENCAS DE LOS RÍOS TAMBO, ENE Y CUTIVIRENI, PERÚ.

A WATERFALL IN THE REMOTE VILCABAMBA MOUNTAIN RANGE WHERE THE BASINS OF THE RIVERS TAMBO, ENE AND CUTIVIRENI ARE BORN, PERU.

La catarata de Parijaro es afluente del río Cutivireni, que fluye por unos de los cañones más abruptos y menos explorados del planeta. Perú.

The waterfall of Parijaro is a tributary of the Cutivireni River, which flows through one of the most abrupt and least explored canyons of the planet. Peru.

Un área similar al tamaño de Bélgica está siendo destruida cada año en Brasil. El equivalente a once campos de fútbol se arrasan cada minuto.

An area of a size similar to Belgium is being destroyed in Brazil each year. It is the equivalent of eleven soccer fields being wiped out each minute.

William Laurence
Instituto Smithsoniano
Smithsonian Institute

Bosques amazónicos deforestados en San Ramón, Perú.
Deforested Amazon fields in San Ramón, Peru.

Es primordial que se consoliden inversiones destinadas a comunidades residentes en ecosistemas sensibles. De no ser así, esas comunidades no tendrán ningún otro medio de sustento y dependerán solamente de los recursos naturales.

It is essential that investments directed to communities living in sensitive ecosystems be made. Otherwise, those communities will not have any other means of subsistence and will depend solely on natural resources.

Mohammed Valli Moosa
Ex ministro de medio ambiente y turismo de Sudáfrica
Former Minister of Environment and Tourism of South Africa

Lago El Dorado, Reserva de la Biosfera Pacaya Samiria, Perú.

El Dorado Lake, Pacaya Samiria Biosphere Reserve, Peru.

EN BUSCA DE BUENA PESCA EL RÍO SAMIRIA, PERÚ.

IN SEARCH OF A GOOD FISHING DAY AT THE SAMIRIA RIVER, PERU.

Niebla matinal en la lago El Dorado, Loreto, Perú.

Morning fog at El Dorado Lake, Loreto, Peru.

Atardecer en el lago El Dorado, un tesoro de biodiversidad, Perú.

Twilight at El Dorado Lake, a biodiversity treasure, Peru.

<<

Nutria en el lago El Dorado, Perú.
An otter at El Dorado Lake, Peru.

El sistema de la vertiente del Atlántico está constituido por 44 cuencas amazónicas cuyas aguas son vertidas al océano Atlántico; esta vertiente reserva sus aguas en 7,441 lagunas.

The system of the Atlantic drainage comprises 44 Amazon basins whose waters are drained to the Atlantic Ocean. This system stores its waters in 7,441 lagoons.

(Islas en el Cielo)
Instituto de Montaña

(Islands in the Sky)
Mountain Institute

Riveras del río Pacaya, selva peruana.
The shores of the Pacaya River, Peruvian jungle.

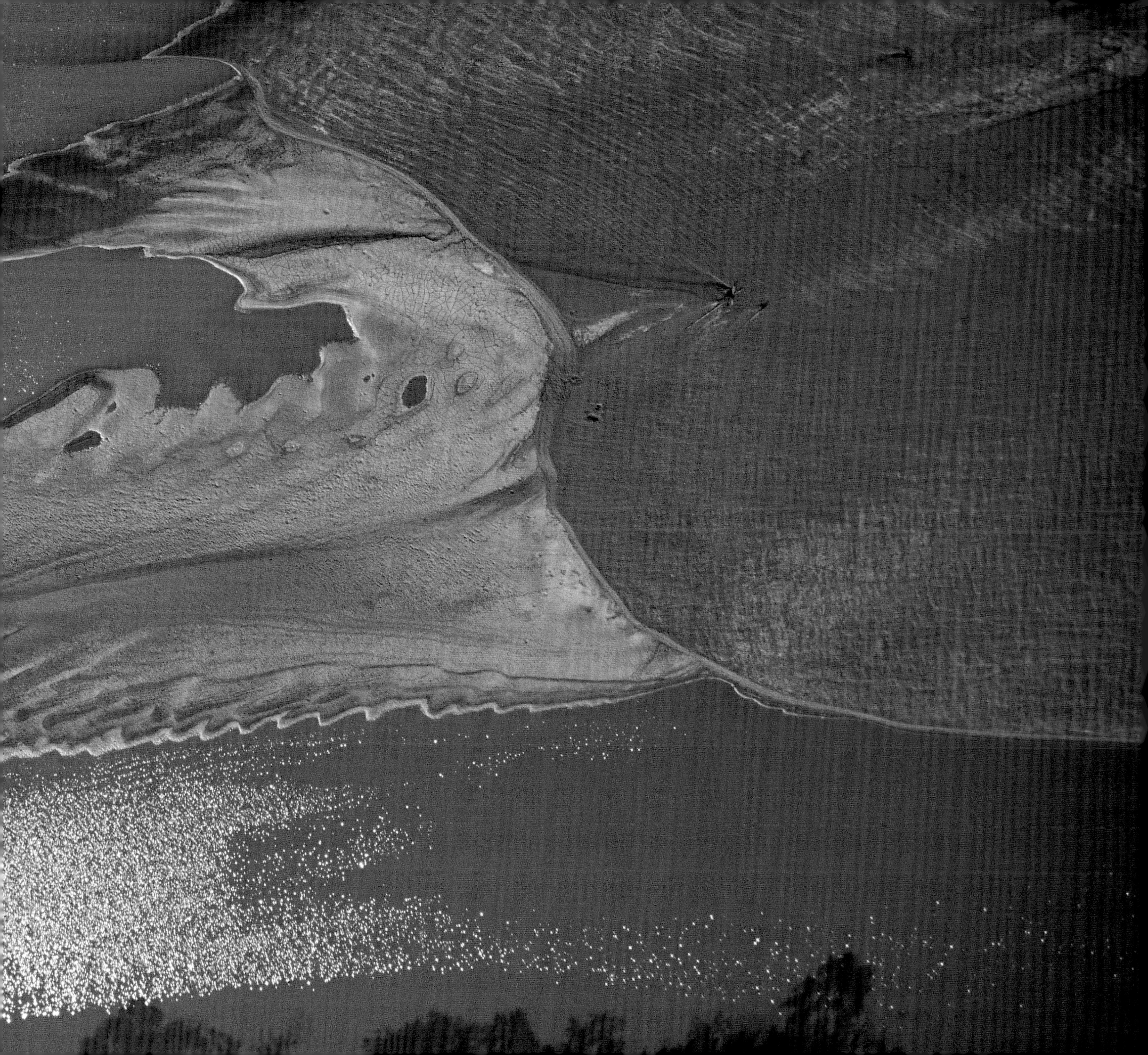

El pago por servicios ambientales es un instrumento adecuado para efectivizar la conservación de los bosques, detener la deforestación y asignar un valor a la biodiversidad.

The payment for environmental services is an adequate tool to make forests preservation feasible, to stop deforestation and to give biodiversity a monetary value.

Manuel Rodríguez Echando
Ex Ministro de Ambiente y Energía de Costa Rica
Former Minister of Environment and Energy of Costa Rica

Bajo el buen cuidado de la comunidad de Manco Cápac, anochecer sereno en el Lago El Dorado, Perú.

Under the good care of the Manco Cápac community, a serene nightfall at El Dorado Lake, Peru.

Colosos del bosque se reflejan en un afluente del río Amazonas, Perú.

Forest colossuses are reflected on the surface of a tributary of the Amazon River, Peru.

En la estación de estío, millones de toneladas de sedimentos forman barreras fluviales en el río Ene, Perú.

During summertime, millions of tons of sediment form fluvial barriers in the Ene River, Peru.

Con la bajada del río Amazonas, inmensos bancos de arena de miles de metros cuadrados dificultan la navegación. Perú.

During the rainy season, the Amazon River forms immense sand banks of thousands of square meters that make navigation difficult. Peru.

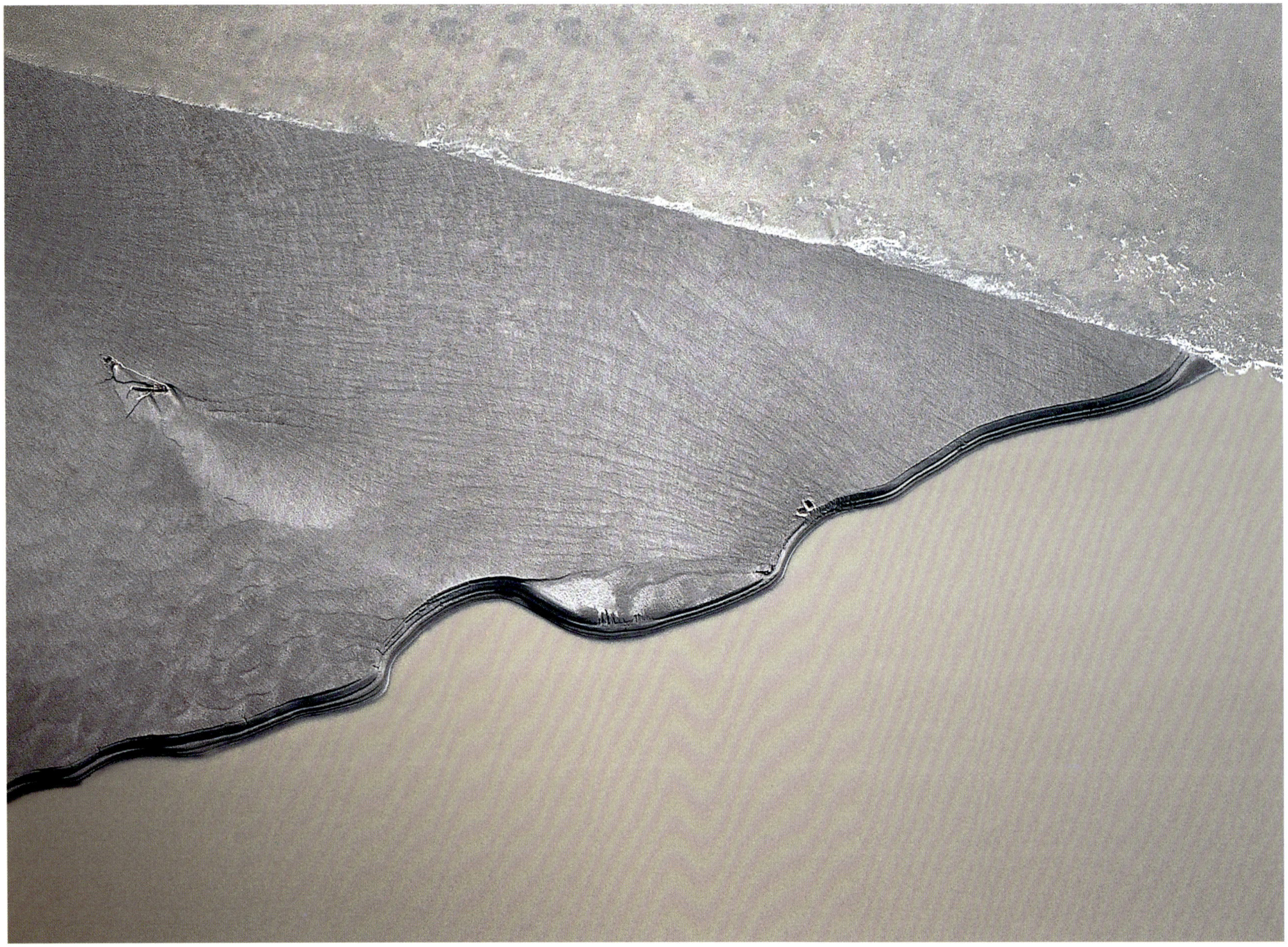

El agua fluye por el río Pacaya, rumbo al gran Amazonas: el padre de todos los ríos. Perú.

Water flows through the Pacaya River on its way to the great Amazon: the father of all rivers. Peru.

En Perú existen a nivel nacional 106 cuencas hidrográficas y 12,118 lagunas. Estas cuencas, que se despliegan en una de las topografías de montaña más complejas del mundo, son las que contienen las aguas superficiales y subterráneas del país.

Nationwide, there are 106 hydrographic basins and 12,118 lagoons in Peru. These basins are spread over one of the most complex mountain topographies of the world and contain the surface water and groundwater of the country.

(Islas en el Cielo)
Instituto de Montaña

(Islands in the Sky)
Mountain Institute

Reflejos al nacer el sol en la superficie del río Putumayo, en la línea de frontera entre Perú y Colombia.

The sun reflects on the surface of the Putumayo River, in the border between Peru and Colombia.

El investigador peruano Jorge Recharte es líder reconocido en temas vinculados al agua y las montañas. Es Ph.D. por la Cornell University de Estados Unidos y licenciado en Antropología por la Pontificia Universidad Católica del Perú.

Como director del Programa Andino de The Mountain Institute (TMI) desde enero de 1997, su rol es la gestión de equipos multidisciplinarios que implementan iniciativas para la conservación integrada al desarrollo en regiones de montaña. Es presidente electo de la Sociedad de Montañas Andinas (AMA) para el período 2007-2010 y su principal área de interés profesional es el diseño e implementación de programas de conservación y desarrollo sostenible en zonas de montaña. En conversación con Alejandro Balaguer, Recharte alerta sobre la realidad de los Andes y llama a la reflexión.

¿Por qué es tan importante el agua que nace en los Andes?

En el Perú, cerca del 80% de la población vive en la costa y toda el agua de la cual dependemos viene de las montañas. El país puedes pensarlo como dos grandes regiones, al norte de la Cordillera Blanca está la zona más baja de todos los Andes, donde prácticamente no existen glaciares y los pocos que había han desaparecido. Y, desde la Cordillera Blanca

The Peruvian researcher Jorge Recharte is a renowned leader in topics related to water and mountains. A Ph.D. from Cornell University in the United States and an Anthropologist from the Pontificia Universidad Católica del Perú.

As Director of the Andean Program of the The Mountain Institute (TMI) since January, 1997, his role is the management of multidisciplinary teams that implement initiatives aimed to integrate conservation within the development of the mountain regions. He also was elected as Chairman of the Sociedad de Montañas Andinas (AMA) for the term 2007-2010. His main area of professional interest is the designing and implementation of conservation and sustainable development programs in mountain zones. In this conversation with Alejandro Balaguer, Mr. Recharte alerts about the reality of the Andes and makes a call for reflection.

Why is the water that originates in the Andes so important?

In Peru, almost 80 percent of its population lives on the Coast and all the water that we depend upon comes from the highlands. One can see the country as two large regions. To the north of the White Range is the lowest part of the Andes where the few glaciers that existed in the past have melted. From the White Range to the south, until the border with

hacia el sur, hasta la frontera con Bolivia, se encuentran los Andes glaciares. Entonces, hay como dos países en ese sentido, dos países del agua. En el sur dependemos de los glaciares y, en el norte, de lo que hagamos con los bosques de montaña y con los pastizales de alta montaña. Porque esas son las fuentes de agua para todo el país.

Bolivia, is the region of the glacier Andes. Therefore, there are two countries in terms of water supply. The people in the South depend on glaciers, whereas in the North, they depend on what we do in the mountain forests and the prairies of the highlands, because they are the water sources for the entire country.

What is happening with the water that originates in the Andes and tributes to the Amazon?

Mountain peaks in that zone –the eastern part of the Andes- are covered with vegetation and prairies that have deep roots and turn that soil into a sort of a sponge. Thus, what happens in those mountain parts all along the Andes has an influence on the quality and quantity of water that runs to Amazonia. Sediments, aquatic life in rivers, rain seasons; everything depends on what occurs in the eastern mountains of the Andes. And this zone, has being suffering from huge deforestation and an uncontrolled migration that has seen Amazonia as a kind of empty lot whose only value comes from its use as farm land, where agrarian reforms in several countries have recognized the value of those lands only when they were logged, so that the invaders could be granted property rights. And these policies were not backed by any economic reason whatsoever. It really is the history of a tragedy.

¿Qué está pasando con el agua que nace en los Andes y da origen al Amazonas?

Las cumbres de las montañas están cubiertas por vegetación, pastizales nativos, que tienen raíces profundas y convierten esa tierra en una esponja. Entonces, lo que ocurra en las cabeceras de montañas de toda la cadena andina influye en la calidad y la cantidad del agua en la Amazonia. Los sedimentos, la vida acuática en los ríos, la estacionalidad de las lluvias, todo absolutamente depende en buena cuenta de lo que ocurre en las montañas del oriente de los Andes, donde hay problemas tremendos de deforestación, de migración descontrolada que ha visto a la Amazonia como una especie de tierra baldía, donde el único valor era convertirla en tierras agrícolas, donde las reformas agrarias de varios países reconocieron el valor de esa tierra sólo en la medida que era talada, sin razón económica, para poder tener título de reconocimiento. Realmente es la historia de una tragedia.

Pero a la tala se suma el derretimiento de los glaciares.

Los glaciares están en un proceso franco de retroceso. Por un lado, estamos llegando al pico de una era interglaciar que corresponde al calentamiento causado por los ciclos naturales de la tierra; pero, de acuerdo con las cifras y datos de los investigadores, no cabe la menor duda que se ha acelerado debido al calentamiento global. Y las zonas más altas, las cumbres de montañas, son una especie de termómetro de lo que está pasando en el resto del mundo; lo que vemos allí, es un síntoma de lo que está por venir. Y es dramático.

Durante los 35 años previos a 1995 se perdió aproximadamente el 15 por ciento de los glaciares, pero en los últimos diez años la pérdida se ha acelerado mucho más todavía, estamos muy cerca de sobrepasar el 20 por ciento. Es decir, ha desaparecido un quinto de los glaciares, eso que significa que los más pequeños ya no existen y que los de tamaño mediano están retrocediendo. El panorama es dramático, nadie puede decir exactamente cuándo van a terminar de desaparecer, pues depende de los parámetros del calentamiento mundial.

Como los de la Cordillera Blanca peruana.

En veinte años, posiblemente, la Cordillera Blanca será muy parecida a la Cordillera Negra, es decir, casi sin glaciares. Eso tiene implicancias tremendas para el agua. Por eso, es incomprensible que en la costa peruana haya programas y proyectos de

And the glacier melting adds up to the forest logging.

Glaciers have been put into a process of retreat. On one side, we are reaching the peak of an interglacial era that corresponds to the warming caused by the natural cycles of Earth; but on the other side, according to figures and data released by researchers, there is no doubt that the process has accelerated due to the global warming. And the higher altitudes, the mountain caps, are a kind of thermometer that measures what is happening in the rest of the world; so what we can see up there is a symptom of what is going to come. And that is dramatic.

During the 35 years previous to 1995, about 35 percent of glaciers got lost, but in the last ten years, that loss has even accelerated and we are on the verge to surpass the 20 percent. This means that a fifth of glaciers has disappeared, that the smaller ones no longer exist and that the medium-sized ones are retreating. The panorama is dramatic; nobody can exactly predict when glaciers are going to disappear entirely because it depends on how the global warming would evolve.

This is happening to the glaciers in the White Range.

In twenty years, the White Range will possibly be similar to the Black Range, that is, almost without having any glaciers. And this has tremendous effects on water. So, it is hard to understand

expansión de la agricultura, estamos hablando de casi 150 mil hectáreas de riego, proyectos enormes de riego y todo eso se va a sufrir mañana.

¿Y qué se puede hacer para suplir a los glaciares?

Primero, olvidarnos de cualquier solución mágica, soluciones no hay, van a desaparecer de alguna forma u otra, o casi desaparecer. Lo que hay que hacer es pensar en términos de ecosistemas, en términos de conexiones, porque hay mucho potencial para usar los otros ecosistemas que generan el agua. Y desde el punto de vista del gobierno, en mi opinión personal, es prestar muchísima atención a las comunidades de alta montaña, por una razón pragmática, puesto que quienes gestionan los ecosistemas de alta montaña son las comunidades fundamentalmente de altura, y estamos hablando principalmente de los pastizales, porque si estuvieran mejor gestionados, tanto la productividad y el bienestar de la gente podrían mejorar, lo mismo que su capacidad de regulación hídrica, porque en cierta manera esos ecosistemas reemplazan a los glaciares.

Entonces, hay que escuchar y entender la necesidad de las comunidades alto andinas, entender su manera de hacer las cosas y trabajar con ellos para crear oportunidades.

why on the Peruvian Coast exist programs and projects aimed to expand agriculture. We are talking about the irrigation of almost 150 thousand hectares, huge projects that are going to harm the water system in the future.

And what can be done to replace the glaciers?

First, we must forget about having magical solutions, because there are not any, glaciers are going to disappear one way or another, or at least, almost disappear. What has to be done is to think in terms of ecosystems and in terms of connecting them, because there is much potential in the use the other ecosystems that generate water. And from the point of view of the government, this is my personal opinion, a lot of attention must be paid to the highlands communities because of one pragmatic reason, given that who manage the highlands ecosystems are the upper communities, fundamentally. We are mainly talking about the prairies, for if they were better manager, both productivity and the welfare of people living there could improve, as well as their capacity to regulate the water supply, because in a way, those systems replace the glaciers. Therefore, we must listen to and understand the necessities of the higher Andes communities, learn their way to do things and work alongside them to create opportunities. This is fundamental; it is one of the master keys.

Eso es fundamental, una de las llaves maestras. Después, lo otro es trabajar muchísimo en términos del uso más eficiente del recurso agua, de nuevas tecnologías de riego, ya que se desperdician cantidades gigantescas de agua en el riego, mucho mejor trabajo en la gestión de la calidad del agua y sus usuarios deben empezar a compensar los costos que representa trabajar mejor el ecosistema.

Profundicemos este reenfoque ecosistémico como alternativa de vida.

Voy a dar como ejemplo las montañas del norte del Perú, donde no hay glaciares. Esos ecosistemas son los páramos, que dependen de los humedales y de los pastizales de alturas, que tienen unas características tales que si están bien conservados crean una estructura en el suelo que, cuando llueve, simplemente almacenan el agua y lo que hacen es

Second, we must work very hard in terms of a more efficient use of water, new irrigation technologies, a much better labor in water quality management, and its consumers must begin to compensate the costs that improving the ecosystem management represents.

Let us deepen this ecosystem re-approach as a life alternative

I am going to take the mountains in the North of Peru, where there are no glaciers, as an example. Those ecosystems are the moorlands, which depend of the wetlands and the highlands prairies to subsist, and which when well preserved develop certain characteristics that create a structure in the soil that store water when it rains and thus regulate the water cycle. In other words, the moorlands store water during the dry season and

regular el ciclo hídrico. Es decir, guardan el agua en el tiempo seco y en base a los procesos físicos del suelo van escurriéndola lentamente hacia las zonas bajas. Nuevamente, el equivalente de una especie de esponja.

El escenario contrario sería la erosión de suelos provocada por la agricultura, como es el caso de Ecuador, por ejemplo, que en su reforma agraria se envió a las poblaciones campesinas hacia las laderas y desde 1970 estas han ido subiendo lentamente, prácticamente hasta llegar a las cumbres. Lo mismo ocurre en Cajamarca -donde las jalcas son el ecosistema equivalente-, la agricultura subió prácticamente hasta las cumbres y las fuentes de agua se están secando. Concluyendo, la función de manejar bien estos pastizales y bosques nativos es una pieza maestra para la regulación del agua.

based on the physical processes of the ground, let it slowly flow down to the lower zones. Again, this is an equivalent to some sort of sponge.

The opposite scenario would be the erosion provoked by agriculture, just like it is happening in Ecuador, for instance, whose agrarian reform sent peasant populations to the mountainsides and since the Seventies they have been slowly settling on higher ground until practically reaching the tops. The same is occurring in Cajamarca –where the jalcas are the equivalent ecosystem–. Farm lands expanded to higher altitudes until reaching the tops and, as a result, water sources are drying up. In conclusion, a good management of these prairies and native forests is a master key of the water regulation process.

Si esos pastizales
estuvieran mejor
gestionados
podrían mejorar la
productividad y el
bienestar de la gente,
mejorar su capacidad
de regulación hídrica,
porque en cierta manera
reemplazan a los
glaciares.

If those grasslands
were better managed
they could improve
both the productivity
and welfare of people
and their capacity
to regulate water,
because in a way those
grasslands replace
glaciers.

Jorge Recharte
Instituto de Montaña
Mountain Institute

Pastizales en las pampas de Conococha, Perú.
Grasslands on the Conococha plains, Peru.

Las amenazas asociadas al agua surgen de una inadecuada relación entre hombre y naturaleza en un contexto de desarrollo económico desequilibrado.

The perils associated to water come out from an inadequate relationship between man and nature in a context of an unbalanced economic development.

Alan García Pérez
Presidente del Perú
President of Peru

Visto desde la ciudad de Huaraz, el nevado Huascarán, el más alto del Perú.

The Huascarán snow peak, Peru's highest, seen from the city of Huaraz.

En el Perú, cerca del 80 por ciento de la población vive en la costa y toda el agua de la cual dependemos viene de las montañas.

In Peru, almost 80 percent of the population lives on the Coast and all the water that we depend upon comes from the highlands.

Jorge Recharte
Instituto de Montaña
Mountain Institute

Ascenso al nevado Ranrapalca, Perú.
Climbing the Ranrapalca snow peak, Peru.

La creciente población de la costa, 67 por ciento del total en Perú, dispone de sólo 2 por ciento del agua y su demanda equivale a 80 por ciento del uso nacional.

The growing coastal population, 67 percent of Peru, only has at its disposal 2 percent of water although its demand equals 80 percent of the national consumption.

(Islas en el Cielo)
Instituto de Montaña

(Islands in the Sky)
Mountain Institute

Cumbre del nevado Coropuna. Sus aguas de deshielo riegan la árida costa del sur del Perú.

The top of the Coropuna snow peak. Its waters from thawed ice irrigate the arid coast of southern Peru.

A 5,428 metros de altura, los hielos del Huarapasca, en Perú, se extinguen por el calentamiento global.

At a 5,428 meter height, the ice of the Huarapasca mountain, in Peru, extinguishes due to global warming.

(Foto / photo: Rodrigo Balaguer)

A 6,354 metros de altura, la nieves del Chopicalqui, en Perú, se retraen dramáticamente cada año.

At a 6,354 height, the snow caps of the Chopicalqui mountain, in Peru, retreat dramatically every year.

(foto / photo: Rodrigo Balaguer)

Toneladas de piedra y nieve se desmoronan en la cara este del nevado Ranrapalca, Perú.

Tons of rock and snow crumble down on the eastern side of the Ranrapalca snow peak, Peru.

En el Parque Nacional Huascarán, los queñuales regulan el recurso hídrico al actuar como esponjas, Perú.

At the Huascarán National Park, the queñuales (polylepis) regulate the hydrological resource acting as sponges, Peru.

La acción del hombre ha agravado el problema del recalentamiento global y eso afecta los glaciares tropicales. Inicialmente, habrá una mayor oferta de agua, pero luego se irá agotando.

The action of man has aggravated the problem that global warming is, and that affects the tropical glaciers. Initially, there will be a larger water supply, but it will get scarcer afterwards.

Pierre Soler

Instituto de Investigación para el Desarrollo de Francia

Research Institute for Development, France

La laguna Orconcocha (laguna Hombre) y al fondo la de Chinancocha (laguna Mujer), reciben agua de la Cordillera Blanca. Perú.

The Orconcocha lagoon (Male lagoon) and the Chinancocha (Female lagoon) at the bottom, receive water from the White Range. Peru.

El reto que tenemos por delante es incluir y articular una gama de diferentes servicios ambientales, a través de un mecanismo que reconozca los valores y beneficios que representa la conservación de los bosques.

The challenge we face is to include and articulate a series of environmental services through a scheme that must be aimed to recognize the values and benefits that the preservation of forests represents.

Manuel Rodríguez Echando

Ex Ministro de Ambiente y Energía de Costa Rica

Former Minister of Environment and Energy of Costa Rica

En Yauyos, Perú, los pastizales, bosques y bofedales liberan agua que alimenta al río Cañete.

In Yauyos, Peru, grasslands, forests and marshes release water that flows to the Cañete River.

Pisac y el valle del Urubamba, Perú.

Pisac and the Urubamba Valley, Peru.

En Uscallacta, florecen los campos arequipeños como en tiempos de los incas, Perú.

Fields in Uscallacta, Arequipa, blossom like in the times of the Incas, Peru.

Caen las aguas del río Cotahuasi en el cañón más profundo del mundo, Perú.

Waters of the Cotahuasi River fall into the deepest canyon in the world, Peru.

<<

Andenes del valle del Colca reverdecen por una red de canales administrados sabiamente. Perú.
Terraces at the Colca Valley grow green again thanks to a wisely managed network of canals. Peru.

Hay que crear oportunidades para la gente pobre que vive en los ecosistemas sensibles. Si no lo hacemos, dependerán solamente de los recursos naturales.

It is essential to create opportunities for poor people living in sensitive ecosystems. Otherwise, they will depend solely on natural resources.

Mohammed Valli Moosa

Ex Ministro del Medio Ambiente y Turismo de Sudáfrica

Former Minister of Environment and Tourism of South Africa

Campos de cultivo en Pisac durante la temporada de estío, Perú.

Crop fields in Pisac during summertime, Peru.

La nieblas adventicias del Pacífico propician dos estaciones: la húmeda y la seca. La estación húmeda presenta frecuentes lloviznas.Es la temporada con máxima incidencia de nieblas, y es cuando las lomas se alfombran de verde.

The advection fogs of the Pacific produce two seasons: the moist and the dry seasons. The moist one presents frequent drizzle. It is the time with the major fog occurrence and also when hills are covered by a green carpet.

La niebla hace reverdecer la desértica costa peruana en la Lomas de Lachay.

Fog makes the desert of the Peruvian coast to grow green at the Lachay Hills.

Bajando la cordillera de Yauyos, corre raudo el río Cañete hacia la costa de Lima, Perú.

Down from the Yauyos mountain range, the Cañete River runs fast heading to the coast of Lima, Peru.

La vida se aferra aprovechando la escasa humedad de la costa de Arequipa, Perú.

Life holds on using the scarce humidity of the Arequipa coast, Peru.

De acuerdo con el informe técnico de la ONU sobre el cambio climático, miles de especies se enfrentarán a la extinción en la próxima década.

According to a technical report issued by the United Nations on climate change, thousands of species will face extinction in the next decade.

En la vertiente del Pacífico, el río Tumbes alberga todavía escasas poblaciones del cocodrilo americano, Perú.

The Tumbes River, on the Pacific drainage system, is home of scarce populations of the American crocodile, Peru.

Menos del uno por ciento de los recursos de agua dulce del planeta se hallan disponibles para consumo humano.

Less than one percent of the freshwater resources on the planet are available for human consumption.

Juegos al atardecer en la laguna de Huacachina, Perú.

Playing games at sunset at the Huacachina Lagoon, Peru.

Las aguas subterráneas representan el 97 por ciento del agua dulce terrestre, frente al exiguo 0.015 por ciento de agua superficial.

Groundwater accounts for 97 percent of freshwater on Earth, compared to the mere 0.015 percent of surface water.

Los humedales limeños conocidos como los Pantanos de Villa son refugios de biodiversidad. Perú.

The marshes in Lima, known as the Villa Swamps, are a retreat for biodiversity. Peru.

Quien fuera vicepresidente de los Estados Unidos bajo el mandato de Bill Clinton, hoy es una figura relevante en la lucha por despertar conciencias y voluntades que reaccionen positivamente frente a la crisis ambiental global. La siguiente es una selección de reflexiones basadas en el documental "La Verdad Incómoda".

La parte más vulnerable de nuestro sistema ecológico es la atmósfera. Y es vulnerable porque es muy delgada. El ya fallecido Carl Sagan decía que si tuvieras un globo con una capa de barniz, la relación entre el grosor del globo y el del barniz sería la misma comparada con la relación entre la Tierra y la atmósfera, que es lo suficientemente delgada como para que los humanos podamos cambiar su composición.

Eso nos lleva a las bases del calentamiento global. La radiación del sol llega en ondas de luz que calientan la Tierra. Parte de la radiación que no es absorbida vuelve al espacio en forma de radiación infrarroja y una porción es atrapada por la capa de atmósfera y retenida. Y eso es bueno porque conserva la temperatura

Vice President of the United States under the Clinton administration, Al Gore is today a key advocate of the struggle to raise consciousness and will that could positively react to the global environmental crisis. What follows is a selection of reflections based on the documentary "An Inconvenient Truth".

The atmosphere is the most vulnerable part of our ecological system. And it is vulnerable because is very thin. The late Carl Sagan compared said that the width of a cap of varnish covering a balloon had the same relation if compared to the relation of the atmosphere to the Earth, which is thin enough to permit humans to be able change its composition.

This reality leads us to the fundamentals of global warming. The solar radiation comes into the form of weaves of light that warm the Earth. Part of the radiation that is not absorbed goes back to space in the form of infra-red radiation and a portion of that is trapped by the atmosphere and retained there. That is a good thing because

dentro de ciertos límites. La mantiene constante y apta para la vida. Pero la atmósfera se está engrosando debido a la contaminación. La atmósfera se calienta en todo el mundo. Ese es el calentamiento global.

¿Y cómo puede el casquete polar derretirse tan rápido? Cuando los rayos del sol impactan contra el hielo, más del noventa por ciento rebota hacia el espacio, como un espejo. Pero cuando impactan en mar abierto, el mismo porcentaje es absorbido. Conforme el agua se calienta, se acelera el derretimiento del hielo.

¿Ven ese punto azul pálido en el cielo? -Gore señala una imagen de la Tierra vista desde el espacio exterior- Somos nosotros. Todo lo que ha pasado en la historia humana ha sucedido en ese píxel. Todos los triunfos y todas las tragedias, todas las guerras, todas las hambrunas, todos los avances importantes. Es nuestro único hogar. Y eso es lo que está en juego: nuestra capacidad de vivir en el planeta Tierra, de tener un futuro como civilización. Yo creo que es una cuestión moral. Ustedes deben encarnar este problema. Ahora es cuando debemos elevarnos para asegurar nuestro futuro.

it helps to conserve temperature within a certain range, keeping it constant and apt to allow life. But the atmosphere is getting thicker due to pollution. It is getting warmer all over the world. That is the global warming.

And how can polar ice caps melt so fast? When sun rays impact against ice, more than ninety percent bounces back to space, as if the ice was a mirror. However, when rays impact on open sea, that same percentage is absorbed. As water warms up, the ice thawing process accelerates.

You see that pale, blue dot? -Gore points at an image of the Earth seen from the outer space- That's us. Everything that has ever happened in all of human history has happened on that pixel. All the triumphs and all the tragedies, all the wars, all the famines, all the major advances...it's our only home. And that is what is at stake, our ability to live on planet Earth, to have a future as a civilization. I believe this is a moral issue; it is your time to cease this issue. It is our time to rise again to secure our future.

[Al Gore]

Ex Vicepresidente de los Estados Unidos de América.

Former Vice President of the United States of America.

"La ayuda que se brinde a los grupos más vulnerables redundará en beneficios directos para la preservación de los ecosistemas"

"All the help that could be given to the most vulnerable groups will translate into direct benefits for the preservation of ecosystems"

[Mohammed Valli Moosa]

Ex Minsitro de Medio Amiente y Turismo en Sudáfrica

Former Minister of Environment and Tourism of South Africa

CAPÍTULO II VISIÓN ANDINA Y MUNDIAL

CHAPTER II
THE ANDEAN AND THE WORLD VISION

[CLAUDIO DI RISIO]
FUNDACIÓN ALBATROS MEDIA, PANAMÁ

Hace cuanto mucho tres décadas, si bien ya existían señales de alerta, pensábamos que habrían de transcurrir cientos de años para que se manifestara el actual estado de crisis ambiental: un problema de dimensiones monstruosas que articula junto al problema hídrico, el cambio climático, la entrofización de los océanos, el agujero de ozono, la deforestación y el calentamiento global. A pesar de aquel temprano aviso, la conducta humana nociva se modificó únicamente para potenciarse, los plazos se acortaron y así nos enteramos que el futuro había llegado hacía rato.

Hoy corresponde a una visión edénica pensar sólo en el agua que se bebe o recrea. Ahora hablamos de la que falta, la que inunda, la que se derrite en los polos y que está aumentando el nivel de los mares. También la degradada por contaminación industrial, que después de haber servido a una fábrica o una explotación minera es devuelta como deshecho a la naturaleza. Continúa el estrago de los tesoros vivientes de selvas y bosques y, paradójicamente, iniciativas de riego agrícola mal planificado han devenido en desertificación.

Los fenómenos climatológicos extremos han afectado radicalmente el estado de los recursos hídricos en todo el planeta, amenazando los ecosistemas y con ello los medios de subsistencia y las condiciones sanitarias de quienes no cuentan con acceso al agua potable. Y poniendo en jaque a aquellos que la consideran asegurada al menos por ahora.

Not more than three decades ago, though there already existed signs of alert, we used to think that it would take hundreds of years for the environmental crisis that we are currently living in to manifest: a problem of monstrous dimensions that links the hydrologic problem to the climate change, the eutrophication of oceans, the ozone depletion, deforestation and global warming. Despite that early warning, harmful human behavior has just modified in order to get worse so the negative effects took shorter to occur and as a result, we found out that the future has already come.

Today, thinking of water just as the drinking type is a paradisiacal view. Nowadays we talk about the water that is missing, that floods, that melts down in the poles and that is increasing the sea levels every where. Also, we talk about the water that is degenerated by industrial pollution, which after being used by a plant or a mining facility is discharged as waste to nature. The ravage of the living treasures in jungles and forests goes on and, paradoxically, projects on agriculture irrigation that were wrongly planned have resulted into desertification.

Extreme weather phenomena have radically affected the existence of hydrologic resources throughout the planet, thus menacing ecosystems and alongside that, the means of subsistence and

Un arroyo de deshielo fluye sobre una falla geológica produciendo unas nubes de vapor en la falda del volcán Hualca-Hualca, Perú.

A stream formed by thawed ice flows over a geological fault that exhales steam on the skirt of the Hualca-Hualca volcano, Peru.

En esta ecuación notable por lo compleja y apremiante, hay que considerar como otra variable significativa el crecimiento desmedido de la población y los movimientos migratorios hacia los grandes centros urbanos, en especial en las regiones del mundo con menores índices de desarrollo. Frente a esta emergencia no existen respuestas satisfactorias sobre infraestructuras de saneamiento y abastecimiento de agua. Tampoco se registran acciones referidas al tratamiento de los deshechos.

Entonces, ¿cómo puede administrarse semejante constelación de factores simultáneos, urgentes, vitales? ¿Cómo lograr la preciada gobernabilidad del recurso? La clave está en llevar adelante una política de gestión hídrica integral lo más clara y equitativa posible, cuyo manejo exceda lo meramente técnico para ser percibido como un terreno multidisciplinario. Y, sobre todo, debe contemplar acciones sobre la totalidad del ciclo hidrológico.

Hasta ahora, pocos gobiernos han demostrado estar preparados para implementar una buena gestión y manejar procesos de privatización adecuados. Al respecto, según el II Informe de Naciones Unidas sobre Recursos Hídricos del año 2006:

La privatización de los servicios hídricos en los países en vías de desarrollo no ha sido capaz de cumplir las elevadas expectativas de mejora y

sanitation conditions of people who do not have access to drinking water, and putting in risk those who consider they have water for granted, at least for now.

In this equation, noticeable because of its urge and complexity, another relevant variable that needs to be considered is the relentless population growth as well as migration to the big urban centers, especially in regions having the lowest development indices. This emergency is not being matched with satisfactory answers related to the investment on sanitation and water supply infrastructure. Actions related to appoint waste treatment are not being carried out, either.

Then, how can this set of simultaneous, urgent and vital factors be managed? How can we achieve the so valued governance of the resource? The key is to carry out an integrated policy of hydrologic management that must be as clear and equalitarian as it could be, and whose management surpasses the merely technical aspect in order to be perceived as a multidisciplinary task. And, above all, it must consider the performance of actions over the whole water cycle.

Up to date, few governments have demonstrated to be prepared to implement a good management approach on the issue and

extensión de los servicios de abastecimiento de agua y de saneamiento (...) Hay, por tanto, necesidad de dar un nuevo enfoque a la privatización para explorar de modo más sistemático de qué manera las empresas locales de agua, incluyendo tanto las compañías del agua como las organizaciones de la sociedad civil, pueden contribuir a mejorar los servicios hídricos. Es hora ya también de reintroducir la función del Gobierno (...) así como su papel fundamental en la regulación y otras funciones de gobernabilidad.

to carry out adequate privatizations processes. To that respect, according to the 2nd United Nations World Water Development Report, publisher in 2006:

Privatization of water services in developing countries has not been able to meet the high expectations on improved and extended water supply and sanitation services. (...)There is thus a need to refocus privatization to more systematically explore how local water enterprises, including both water companies and civil society organizations, can contribute to improved water services. It is also high time to bring the government back in (...) as well as its critical role in regulatory and other governance functions.

Corruption stands as one of the worst enemies of water governance, because it is unthinkable to look for a transparent and participative management when inefficiency is the general rule. According to reliable indices, one can conclude that the drinking water deficit, that is, thirst, poverty, the so called water diseases, the lack of education and all the related consequences, is the result of the existence of problems on administration and management instead of a natural resource scarcity.

As expected in such a transcendental issue, a wide debate of ideas has been set. In order to conciliate all positions and interests,

La corrupción se erige como uno de los peores enemigos de la gobernabilidad del recurso, porque es impensable pretender una gestión transparente y participativa en medio de una impronta general deficiente. A la luz de indicadores fidedignos se desprende que el déficit de agua potable, léase la sed, la pobreza, las llamadas enfermedades del agua, la falta de educación y demás consecuencias derivadas, corresponde a problemas de administración y manejo más que a carencias naturales.

Como es de esperar en una materia tan álgida, se ha planteado un amplio debate de ideas. En la vía de conciliación de todas las posiciones e intereses, aparecen nuevas voces enriqueciendo esta necesaria discusión. Desde este lado del mundo se aporta una visión andina del agua a la visión mundial aprobada en el II Foro Mundial de La Haya, en marzo del 2000 y convertida en Plan de Acción Internacional en Kyoto, exactamente tres años después.

Caprichos del hielo,
Antártida.

*Ice extravagance,
Antarctica.*

Comunidades y organizaciones de agricultores de los Andes han manifestado que la cultura, perspectiva y propuestas nativas no están consideradas en esos programas de manejo de los recursos hídricos y, por tanto, temen un avasallamiento de sus derechos y prácticas tradicionales. Específicamente, refutan las propuestas y recomendaciones de los foros antedichos tendientes a reasignar el agua desde los usos de menor valor, como la agricultura familiar, a favor de la agricultura a gran escala o industrial.

new voices that are enriching that necessary discussion are appearing. From this side of the world, an important contribution is the Andean vision of water which was approved at the 2nd World Forum in The Hague, in March, 2000, and that was issued as an International Action Plan in Kyoto, three years later.

However, communities and farmer organizations of the Andes have pointed that the culture, perspective and native proposals are not being taken into account in those programs of water management, and therefore, they are afraid of the annihilation of their rights and traditional practices. Specifically, they object the proposals and recommendations of the aforementioned forums that tend to relocate water from the lesser valuable uses, such as family agriculture, in favor of a big-scale agriculture or agro-industry.

In parallel and with the economic development in mind, such proposals prompt the reduction of water supply to agriculture in favor of more dynamic sectors like industry or mining. This replacement would only be possible to function through the implementation of transgenic technology, which would focus on new crops that would affect the native biodiversity.

Likewise, the Andean vision warns that the surging of the new industrial agriculture in detriment of the household farm

Paralelo a ello y en pos del desarrollo económico, tales propuestas preconizan la reducción del suministro en el sector agrícola a favor de otros más móviles de la economía como la industria o la minería. Esto sólo sería posible mediante la aplicación de tecnología transgénica, con cultivos que menguarían la biodiversidad nativa.

Asimismo, la visión andina advierte que el surgimiento de la nueva agricultura industrial en detrimento de la producción familiar, acarrearía graves consecuencias sociales y culturales, desencadenando una migración masiva a las grandes ciudades, encaminada a engrosar los cordones suburbanos de exclusión social, lo que sería concluir en lo contrario de lo que se proyectó.

Por ello, el desafío reside en el diálogo acerca del estatus legal del agua, ya que de acuerdo con la visión andina es un recurso vital que no

puede ser considerado mercancía, pues se trata de un bien público imposible de ser reducido al valor comercial de un *commodity* o estar sometido a las leyes del mercado.

La postura de la visión mundial está más orientada a considerar que el asunto hídrico debe ser asumido como una cuestión de responsabilidad compartida por toda la sociedad, lo que habrá de verificarse fijando un precio por el costo total del agua y cobrando la tarifa de manera proporcional a su destino, sea doméstico o industrial y atendiendo a las capacidades económicas de los usuarios.

La trascendencia del tema exige un planteamiento comprensivo y esclarecedor, presto al encuentro de una síntesis efectiva que concilie la postura emanada de los foros internacionales con un modelo de vida basado en explotaciones agrícolas y ganaderas sustentables.

Por curioso que parezca, recién en el año 2002 el derecho humano al agua fue reconocido explícitamente por el Comité de Naciones Unidas sobre Derechos Económicos, Sociales y Culturales, órgano encargado de supervisar la vigencia del Pacto Internacional de Derechos Económicos, Sociales y Culturales vigente en 146 países. En la Observación General Nro. 15 el Comité establece que:

production would bring about serious social and cultural consequences, which would provoke a massive migration to big cities, something that would engross the suburban belts of social exclusion, something that would be the opposite result from the one that was projected.

That is why the challenge relies on the dialogue about the legal status of water, for according to the Andean vision it is a vital resource that can not be considered as merchandise because it is a public good that is impossible to get reduced to the commercial value of a commodity or be subjected to the market laws.

The world vision is more oriented towards considering that the water issue must be thought as a matter of a responsibility shared by the entire society, which has to be verified by fixing a price for the total cost of water and by charging a fee that might be proportional to the resource use, be that domestic or industrial, and at the same time attending the economic capabilities of consumers.

The significance of the issue demands a comprehensive and clarifying approach which has to be aimed to reach an effective and conciliating synthesis of both, the position that international forums have agreed to and the life model based on sustainable agriculture and livestock activities.

El derecho humano al agua otorga derecho a todos a contar con agua suficiente, a precio asequible, físicamente accesible, segura y de calidad aceptable para usos personales y domésticos.

Según los estándares internacionales, el derecho al agua conlleva intrínsecos los siguientes requisitos mínimos:

Disponibilidad: El abastecimiento de agua de cada persona debe ser continuo y suficiente para los usos personales y domésticos. Estos usos comprenden, entre otros, el consumo, la preparación de alimentos y la higiene personal y doméstica.

Calidad: El agua necesaria para cada uso personal o doméstico debe ser salubre, sin contener microorganismos o sustancias químicas o radioactivas que puedan constituir una amenaza para la salud de las personas.

Accesibilidad: El agua y las instalaciones y servicios de agua deben ser accesibles a todas las personas, sin ningún tipo de discriminación.

Ante este derecho humano, los estados asumen deberes concretos para garantizar su respeto. Quedan obligados, por un lado, a que sus propias instituciones no impidan el derecho humano al agua y, por otro, a tomar las precauciones necesarias a fin de evitar que terceros restrinjan su calidad y accesibilidad.

As odd as it may seem, it was just in the year 2002 that the human right to water was explicitly recognized by the United Nations Committee on Economic, Social and Cultural Rights, which is the agency in charge of supervising the functioning of the International Covenant on Economic, Social and Cultural Rights, currently backed by 146 countries. The General Comment 15 of the Committee establishes the following:

The human right to water entitles everyone to sufficient, safe, acceptable, physically accessible and affordable water for personal and domestic uses.

According to international standards, the right to water comprises the following minimum requirements:

Availability: The water supply for each person must be sufficient and continuous for personal and domestic uses. These uses ordinarily include drinking, personal sanitation, washing of clothes, food preparation, personal and household hygiene.

Quality: The water required for each personal or domestic use must be safe, therefore free from micro-organisms, chemical substances and radiological hazards that constitute a threat to a person's health.

El entramado con que se teje la nueva cultura del agua y lo ambiental como única alternativa razonable, tiene como pilares la educación ciudadana, la síntesis de ideas y la cooperación internacional. Sin duda, la gobernabilidad del agua y su esencial conexión con el desarrollo y bienestar humano es, desde el lugar que nos toca a cada uno, un compromiso de responsabilidad. Una tarea indelegable como ciudadanos del planeta, que nos mueve a velar por nuestros derechos, asumiendo los deberes que la gravedad de la hora exige.

Accessibility: Water and water facilities and services have to be accessible to everyone without discrimination.

Countries assume concrete duties aimed to guarantee that this human right is respected. On one side, they have to secure that their institutions do not prevent people their access to water, because that is their right, and, on the other side, they must take the required precautions to avoid that third parties restrict its quality and accessibility.

The net that the new water and environmental culture weave as the only reasonable alternative has as its pillars the education of citizens, the synthesis of ideas and the international cooperation. There is no doubt that water governance and its essential connection to human development and welfare is, from the role that each of us has, a commitment for responsibility. This is a task that we, as citizens of the planet, can not delegate, that encourages us to watch over our rights, and that leads us to assume the duties that the urgency of the hour demands.

Arrecifes coralinos de la isla Coiba, Panamá. Se mantienen saludables gracias a la protección contra la sedimentación que le brindan los bosques tropicales.

Coral reefs on Coiba Island, Panama. They remain healthy thanks to the protection against sedimentation given out by tropical rainforests.

Los polos norte y sur, las regiones más frías del planeta, sufren alteraciones dramáticas debido al calentamiento global.

The North and South poles, the coldest regions on the planet, are suffering from dramatic alterations due to global warming.

Junto a la base peruana Machu Picchu, el deshielo se extiende año a año, Antártida.

Next to the Peruvian base of Machu Picchu, ice melting is widening up year after year, Antarctica.

Rumbo a la quebrada de Llanganuco, se abren las nubes frente a la imponente Cordillera Blanca, Perú.

On the way to the Llanganuco hollow, clouds open in front of the majestic White Range, Peru.

(foto / photo: Rodrigo Balaguer)

El sol calienta las nieves en retroceso del Huascarán, Perú.

The sun warms the retreating snow caps of the Huascarán snow peak, Peru.

Producto de un creciente proceso de deshielo, el agua fluye hacia la laguna Orconcocha (laguna Hombre), Perú.

As a result of a growing melting process, water flows towards Orconcocha Lagoon (Male lagoon), Peru.

<<

Cada año se acrecienta el derretimiento de los hielos andinos de la Cordillera Blanca, Perú.
The melting of the Andean ice sheets on the White Range, Peru, is increasing every year. (Foto / Photo: Rodrigo Balaguer)

Catarata en la cuenca del río Tarcoles, Costa Rica.

Waterfall in the Tarcoles River basin, Costa Rica.

Catarata de Parijaro, afluente del río Cutivireni, Perú.

The Parijaro Waterfall is a tributary of the Cutivireni River, Peru.

ES UN HECHO QUE 145 PAÍSES COINCIDEN EN 263 CUENCAS HIDROGRÁFICAS, LAS QUE SON HABITADAS POR APROXIMADAMENTE EL 90 POR CIENTO DE LA POBLACIÓN MUNDIAL.

IT IS A FACT THAT 145 COUNTRIES COINCIDE IN 263 DRAINAGE BASINS WHICH ARE INHABITED BY APPROXIMATELY 90 PERCENT OF THE POPULATION IN THE WORLD.

ISLEÑOS DE TAQUILE ANTE EL GRAN LAGO TITICACA, COMPARTIDO POR PERÚ Y BOLIVIA, UN CLARO EJEMPLO DE AGUAS FRONTERIZAS.

ISLANDERS OF TAQUILE LOCATED IN THE GREAT TITICACA LAKE, WHICH IS SHARED BY PERU AND BOLIVIA. THIS IS A CLEAR EXAMPLE OF TRANSBOUNDARY WATERS.

El ex ministro de Medio Ambiente y Turismo de Sudáfrica -que acompañó a Nelson Mandela en su llegada al poder- es un incansable ambientalista y visionario que trabaja a favor de los derechos de los más vulnerables en los países en desarrollo. Mohammed Valli Moosa comparte su preocupación por el futuro del planeta.

El ambiente del mundo y particularmente la base del recurso natural, están bajo extrema presión debido a las costumbres voraces de consumismo presentes en todas partes. Hemos alcanzado tal grado de deterioro que debemos considerar seriamente cómo sostendremos los recursos naturales de la Tierra para las generaciones futuras. Uno de los problemas más grandes es el calentamiento global, como resultado de la quema de los combustibles de los bosques. Y la destrucción de los bosques naturales está conduciendo al cambio del clima.

Este encadenamiento de factores genera una gama entera de perjuicios entre los que está la pérdida de biodiversidad natural. Estamos perdiendo especies diariamente a un ritmo pavoroso, hay unas 15.000 que están en la lista roja según datos de la UICN (Unión Internacional por la Conservación de la Naturaleza). Tenemos que tomar medidas urgentes para recomponer la pérdida de biodiversidad en el mundo.

Mohammed Valli Moosa was Minister of Environment and Tourism of South Africa and accompanied Nelson Mandela in his quest to the Presidency of that country. A tireless environmentalist and visionary who is also an advocate of the rights of the most vulnerable in the developing countries, Mr. Valli Moosa shares with us his concern on the future of the planet.

The environment and particularly the basis of natural resources are under extreme pressure due to the voracious customs of consumerism that nowadays are present everywhere. We have reached such a degree of deterioration that we have to seriously take into consideration how are we going to sustain the natural resources on Earth for future generations. One of the biggest problems is global warming, which is the result of the use of the forests as fuel. And the destruction of natural forests is causing the weather change.

This chain of factors generates an entire set of damages among which the loss of natural biodiversity stands out. We are losing species on a daily basis and at a terrifying pace; about 15,000 are included in the Red List of UICN (The International Union for Conservation of Nature and Natural Resources). We have to take action urgently in order to redo the loss of biodiversity in the world.

Es crucial que todos se comprometan con la reducción de las emisiones de gases de invernadero, pues ello representa una responsabilidad que no puede ser soslayada. El Protocolo de Kyoto es un tratado global y es absolutamente vital que consigamos que cada país, incluyendo los Estados Unidos, participe en ese esfuerzo.

Por otra parte, es primordial que se consoliden inversiones destinadas a comunidades residentes en ecosistemas sensibles. De no ser así, esas comunidades no tendrán ningún otro medio de sustento y dependerán solamente de los recursos naturales. Necesitamos hacer todo lo que sea preciso para erradicar la pobreza y crear oportunidades laborales genuinas. La ayuda que se brinde a los grupos más vulnerables redundará en beneficios directos para la preservación de los ecosistemas.

Hay una gran oportunidad para que muchos países en vías de desarrollo incrementen su potencial de turismo receptivo, utilizándolo para el crecimiento de su economía y para la creación de trabajos. Al mismo tiempo, el reto de cualquier país emergente —en el que el turismo mantiene la promesa de una mejora económica— es asegurarse que se haga de una manera sostenible. No debe ser propiciando la destrucción ambiental, ni acabando con los tesoros naturales, porque entonces se registrará una situación de auge muy efímera. En ese contexto, el turista vendrá por algunos años y después dejará de hacerlo, porque los atractivos naturales se habrán esfumado y lo que alguna vez floreció, se habrá perdido quizá para siempre.

It is crucial that everyone must commit themselves with the reduction of gas emissions that cause the greenhouse effect, because this is a responsibility that can not be taken shallowly. The Kyoto Protocol is a global treaty and it is absolutely vital that we get every country, including the United States, to take part in this effort.

Also, it is essential that investments directed to communities living in sensitive ecosystems be made. Otherwise, those communities will not have any other means of subsistence and will depend solely on natural resources. We need to do everything that it takes to eliminate poverty and to create genuine work opportunities. All the help that could be given to the most vulnerable groups will translate into direct benefits for the preservation of ecosystems.

There is a great opportunity for many developing countries to increase their potential to attract foreign tourists and by doing so, encourage the growth of their economies and create jobs. At the same time, the challenge of any emerging country —in which tourism is the promise of economic improvement— is to make sure that this development has to be achieved in a sustainable way. It neither has to be done by provoking the destruction of the environment nor by extinguishing natural resources, because the heyday they may reach is going to be ephemeral. In that context, tourists would come visiting for some years but they will stop doing so because the natural attractions will have all vanished and what once flourished will have been lost perhaps forever.

[Mohammed Valli Moosa]

Ex Ministro de Medio Ambiente
y Turismo de Sudáfrica

*Former Minister of Environment
and Tourism of South Africa*

"Las intrusiones que vendrán por el cambio climático van a ocurrir más rápido de lo que las personas prevén"

"The intrusions that the climate change will provoke are going to occur faster than everyone expects"

[**Maurice Strong**]

Secretario General en 1992 de la Conferencia sobre Medio Ambiente y Desarrollo de las Naciones Unidas.

Secretary General of the United Nations Conference on Environment and Development

CAPÍTULO III Ciencia en el lejano sur

CHAPTER III
Science in the furthest south

[Alejandro Balaguer]
Andes y Mares, Perú,
Fundación Albatros Media, Panamá

Turbulento y gélido. El mar que rodea la remota isla Rey Jorge, una de las tantas que conforman el archipiélago de las islas Shetland del Sur, vecinas a la península Antártica, muestra su indómita naturaleza. El buque de investigación científica Humboldt, veterano de muchas expediciones del Perú en la Antártida, sortea gigantescos castillos de hielo que flotan sobre un mar color acero. Son centenares de témpanos que semejan montañas, llevados por las corrientes y las salvajes ráfagas de viento hacia un final inexorable en el tempestuoso mar de Drake. A bordo del Humboldt, científicos peruanos y de otras nacionalidades observan con preocupación el derretimiento constante de los glaciares.

Conocida por los antiguos navegantes y cartógrafos como la *Terra Australis Incognita*; la Antártida -con alrededor de 14 millones de kilómetros cuadrados de extensión- es el tercer continente más grande y la región más fría y menos habitada del planeta. Este mundo solitario e inmaculado, formado por capas de hielo que pueden llegar a un espesor de más de 4,000 metros, representa el 90% de la totalidad de los hielos que existen en la Tierra y es su mayor reserva de agua dulce. Es también donde se generan masas de aguas frías que, más al norte, conformarán la Corriente Fría Peruana, o de Humboldt, una suerte de río submarino que es muy rico en plancton: el primer eslabón de una rica cadena alimenticia que genera una productividad en nuestros mares.

Turbulent and gelid. The sea that surrounds the remote King George Island, one of the many that form the archipelago of the South Shetland Islands, which neighbor the Antarctic Peninsula, shows off its indomitable nature. The scientific research ship Humboldt, a veteran of many expeditions sent by Peru to Antarctica, evades gigantic ice castles floating on a steel-colored sea. They are hundreds of ice floes resembling mountains, taken by the sea currents and the wild wind blasts to an inexorable end in the tempestuous Drake Passage. On board of the Humboldt, scientists from Peru and other nationalities observe with concern the constant melting of glaciers.

Known by ancient sailors and cartographers as the *Terra Australis Incognita*; Antarctica –with an extension of about 14 million square kilometers– is the fourth largest continent and the coldest and least inhabited region on the planet. This lone and immaculate world, formed by ice caps that can have a width of more than 4,000 meters, accounts for 90 percent of the ice existing on Earth and it is its main reservoir of fresh water. It is also the place of origin of the cold water masses that, up north, will form the Cold Peruvian Current, also known as the Humboldt Current, a sort of a submarine river that is rich in plankton: the very first link of a food chain that generates a remarkable productivity in Peruvian seas.

- *Es que cuando la Antártida estornuda, el Perú se enferma de gripe-*, señala Yuri Hooker de la Universidad Cayetano Heredia de Lima. Este científico peruano con nombre de astronauta ruso y apellido de corsario ingles, explica que la dinámica del clima polar influye sobre los fenómenos climáticos de todo el continente.

- *En el siglo XIX, el geógrafo y naturalista alemán Alexander von Humboldt observó que las aguas que bañaban las costas peruanas eran más frías de lo que deberían ser, considerando la latitud en que se encontraban, y llegó a la conclusión que la acción de los vientos alisios permitía que masas frías de aguas profundas aflorasen a la superficie llevando una gran cantidad de nutrientes. Esto hace que el Pacífico Sur sea tan productivo*, agrega Hooker.

Dada su relación y conectividad, el Perú estrecha lazos con la Antártida desde los años ochenta, cuando empezó a surgir el interés de algunos países por la explotación de minerales e hidrocarburos en el Continente Blanco. Para el Perú, la posible explotación de los minerales antárticos ejerció especial motivación para formar parte de los países miembros del Tratado Antártico.

- *Esto estaba relacionado con el hecho de que los minerales antárticos, por la estructura geológica que hay en la península Antártica, eran los mismos*

- *When Antarctica sneezes, Peru gets the flu-*, notes Yuri Hooker from the University Cayetano Heredia in Lima. This Peruvian scientific with the name of a Russian astronaut and the surname of an English privateer, explains that the dynamics of the polar climate has an effect on the climate phenomena of the whole continent.

- *In the 19th Century, the German geographer and naturalist Alexander von Humboldt saw that the waters on the Peruvian coast were colder than they were supposed to be taking into account the latitude, so he reached the conclusion that the action of the trade winds allowed the cold water masses to flow upwards to the surface bringing with them a huge amount of nutrients. This effect makes the South Pacific to be so productive*, adds Hooker.

Given its relationship and connectivity, Peru began to strengthen its bonds to Antarctica in the Eighties, when some countries started to feel interested in exploiting the minerals and hydrocarbons of the White Continent. To Peru, the possibility of exploiting the Antarctic minerals was a special motivation to be part of the member countries of the Antarctic Treaty.

- *This interest was based on the fact that due to the geological structure of the Antarctic Peninsula, those minerals were the same*

que tenía el Perú. Y si se llegaba a aprobar una convención de ese tipo, probablemente los precios de esos minerales podrían haber sufrido; además, este debate produjo un gran revuelo en la comunidad internacional porque la Antártida era vista como un lugar que debía ser protegido y conservado fuera de toda explotación, recuerda el contralmirante de la Marina del Perú, Héctor Soldi, oceanógrafo y pionero del Perú en la Antártida.

- La única manera en que podíamos defender esta posible explotación era formando parte del Tratado Antártico, cumpliendo previamente una serie de requisitos como hacer una expedición, instalar una base y demostrar su legítimo interés por la investigación científica. Al cumplir todo esto, Perú logro ser miembro consultivo en 1991, año en que se revisó el Tratado. Afortunadamente, su revisión no trajo ningún cambio en las reglas de juego, simplemente se renovó por treinta años más; por ende, se logró bloquear la explotación de los minerales antárticos. Lo que fue en un inicio una convención para regular su explotación se convirtió finalmente en una convención para protegerlos, dice Soldi.

Ese tratado es considerado un triunfo de la diplomacia mundial y del entendimiento humano. Vigente desde 1961, ha sido suscrito por 45 naciones. En este se reconoce la Antártida como zona de paz, libre de armamentos y de pruebas nucleares; donde está prohibida toda práctica

that existed in Peru. And if a covenant of such kind would be approved, the prices of those minerals could have been affected. This debate produced a great buzz in the international community because Antarctica was seen as a place that had to be protected and preserved from any kind of exploitation, remembers the rear admiral of the Peruvian Navy and oceanographer, Héctor Soldi.

- The only way we had to defend this possibility of exploiting the Antarctic soil was by signing the Antarctic Treaty, which demanded a series of requirements such as to set up an expedition, to establish a base and to demonstrate a legitimate interest for scientific research. Peru achieved the status of consultative member in 1991, the same year that the treaty was revised. Fortunately, that revision did not bring about any changes to the rules for it simply was renewed for an additional thirty-year period; therefore, the idea of exploiting the Antarctic minerals was blocked. What in the beginning was a covenant whose aim was to regulate resource exploitation finally became an agreement to protect them, says Soldi.

This treaty is considered a triumph of both the world's diplomacy and the human understanding. It came into force in 1961 and has been signed by 45 countries. The document recognizes Antarctica as a peace zone, free from any kind of weapons and

ISLA REY JORGE: MURALLONES DE HIELO DE MÁS DE 50 METROS DE ALTURA SE DESPRENDEN DE UN GLACIAR ANTÁRTICO.

KING GEORGE ISLAND: BIG ICE WALLS OF MORE THAN 50 METERS IN HEIGHT DETACH FROM AN ANTARCTIC GLACIER.

extractiva, como la pesquera o la minera. Todo reclamo territorial también ha sido, valga el simbolismo, congelado. El único objetivo que se permite es el científico: la investigación de los caprichos del clima, el comportamiento de las especies biológicas, la búsqueda de compuestos naturales que permitan la cura de enfermedades, y la comprensión de la historia geológica y la glaciología.

Al resguardo de los hielos, el Humboldt culmina su operación de anclaje. Descendemos por un glaciar hasta una playa pedregosa que agrupa focas de Wedell y elefantes marinos. Son tan grandes que cuesta creer que se alimenten básicamente de un pequeño crustáceo llamado *krill*: la especie de mayor biomasa a nivel mundial y foco de atención permanente en estas latitudes.

- Dado que el Humboldt está dotado de ecosondas especiales para la detección de biomasa, era un buque ideal para investigar el krill. Contábamos con científicos muy experimentados en el estudio de poblaciones de anchoveta, que se evalúan con la misma técnica requerida para el krill, explica el diplomático Alberto Hart, coordinador de varias de las expediciones antárticas peruanas.

- A raíz de la necesidad de evaluar las poblaciones de krill, se creó un programa internacional llamado

nuclear testing; where any kind of extractive practice is banned, such as fishing or mining. Any territorial claim has also been, as the symbolism regards, frozen. The only objective that is permitted is the scientific: the research on the climate capricious ways, the study of the behavior of the biologic species, the search for natural compounds that allow the cure of diseases, and the comprehension of geological history and glaciology.

Guarded from the ice, the Humboldt terminates its anchoring operation. We descend through a glacier to a stony beach that groups Wedell seals and southern elephant seal. They are so big that it is hard to believe they basically feed on a small crustacean called krill: the species with the largest biomass worldwide and a permanent focus of attention in these latitudes.

- Since the Humboldt is equipped with special eco-sound devices to detect biomass, it was an ideal ship to study krill. The ship also had onboard very experienced scientists on the study of anchovy population, which is evaluated using the same technique required in the case of krill, explains the diplomat Alberto Hart, a coordinator of several Peruvian expeditions to Antarctica.

- Due to the need of evaluating the krill population, an international program called Biomass was created and it organized countries

Biomass, que organizó a los países en una sola campaña antártica -con el Perú participando activamente- para hacer una cobertura muy grande de un área en forma simultánea. Descubrimos que en los últimos treinta o cuarenta años las poblaciones de pingüinos aumentaron enormemente; después de analizar esas curvas de crecimiento, vimos que coincidían con la época en que hubo cacería de ballenas, porque estas consumen un volumen muy grande de krill. La conclusión final fue que el krill no estaba en peligro de extinción como se pensaba. O sea, cuando había menos ballenas, había más focas y más pingüinos. Por lo tanto, el sistema antártico estaba en una situación de equilibrio permanente, concluye Soldi.

into a sole Antarctic campaign –Peru participated actively– in order to simultaneously reach a wide coverage of the area under study. We found out that in the last thirty or forty years the penguin population grew hugely; and after analyzing those growth curves, we saw that they matched those of the whale hunting period, because these animals consume a very large amount of krill. The final conclusion of the research was that krill was not endangered of extinction, contrary to what was thought. In other words, when there were fewer whales, there were more seals and penguins. Thus, the Antarctic system was in a situation of permanent balance, concludes Soldi.

Recent research works have concluded that there exist and extraordinary biomass of krill –at least 500 million tons–, but have also noticed a decline in its population. To science, this reduction was not linked to the growing whale population in both the Atlantic and the Pacific oceans, but that could be caused by the global warming that is induced by the emissions of six greenhouse gases which retain the solar rays in the atmosphere thus elevating its temperature, and therefore, the temperature of the seas.

- During the second half of the 20th Century, glaciers surrounding the Argentine Base Jubany retreated more than 500 meters. And this fact can be proved by comparing the current position

Investigaciones recientes dejaron en claro que el *krill* posee una extraordinaria biomasa -al menos 500 millones de toneladas-, pero se notó que presentaba una declinación en su población. Para la ciencia, esta merma no estaba ligada al crecimiento de las poblaciones de ballenas del Atlántico y del Pacífico, sino que podría estar ocasionada por el calentamiento global inducido por las emisiones de seis gases de efecto invernadero que retienen los rayos solares en nuestra atmósfera elevando su temperatura y, por ende, la de los mares.

- Durante la segunda mitad del siglo XX, los glaciares en los alrededores de la base argentina Jubany se retiraron más de 500 metros. Y este hecho es comprobable si comparamos la posición actual del frente del campo de hielo

con su posición a principios de los años cincuenta, como muestran las imágenes aéreas tomadas por el Servicio de Hidrografía Naval Argentino en aquellos años. Definitivamente, vemos nuevas áreas sin hielos y una complicada red de drenaje de deshielos que va en aumento, argumentan los científicos argentinos de la base Jubany.

Los efectos del calentamiento global son contundentes. Lo comprobamos al observar, a lo largo de nuestra travesía marina, debilitados glaciares convertirse en crecientes ríos de deshielo o al derretirse las capas de hielo que han estado permanentemente congeladas a niveles superficiales del suelo.

El Humboldt arriba finalmente a la bahía del Almirantazgo, donde un cerro fragmentado en muchas partes por el paso de otro glaciar que agoniza, protege la base peruana Machu Picchu en la isla Rey Jorge.

Cerca de los módulos color carmesí que conforman la base, con el agua llegándole hasta la cintura, Carlos Tavares, geógrafo de la Pontificia Universidad Católica del Perú, recolecta muestras de sedimentos para medir la cantidad de contaminantes, pesticidas y metales pesados depositados en los hielos.

- Estos contaminantes no han sido originados aquí, pero pueden viajar miles de millas, desde el lejano Hemisferio Norte y depositarse en

of the front of the ice field to its position during the Fifties, as the aerial pictures taken in those years by the Argentine Naval Hydrographic Service show. Definitely, one can see new free-of-ice areas and a growing tangled net of ice thawing drainage, the Argentinean scientists at Jubany Base explain.

The effects of global warming are undisputable. We could prove that via the observation, throughout our sea voyage, of weakened glaciers that are becoming rivers of thawed ice or melting caps of ice that before had been permanently frozen but nowadays match surface levels.

The Humboldt arrives lastly to Admiralty Bay where a hill that has been fragmented in many parts by the pass of another agonizing glacier, protects the Peruvian base named Machu Picchu on the King George Island.

Near the crimson colored modules that encompass the base, wading water that rises up to his waist, Carlos Tavares, a geographer from the Pontificia Universidad Católica del Perú, gathers sediment exhibits in order to measure the quantity of contaminants, pesticides and heavy metals that are deposited inside the ice.

- These contaminants have not originated here, on the contrary,

estos glaciares, que son una fuente prístina de agua dulce. El mal manejo ambiental en otras latitudes tiene su repercusión también aquí, como es sabido. Por ello, recolectamos muestras que nos permiten evaluar cuánta contaminación hemos causado en ciertos períodos de nuestra historia- dice Tavares.

Cerca al glaciar donde la comitiva de científicos peruanos examina los efectos del calentamiento global, un grupo de pingüinos Adelia se enfrenta al viento, al igual que dos hombres cubiertos de varias capas de abrigo que trabajan en el mantenimiento de un radar reconocido mundialmente. Luis Flores, uno de los ingenieros del proyecto ejecutado por el Instituto Geofísico del Perú y la Universidad de Piura, define las virtudes de este efectivo sistema:

- El radar MST es un conjunto simétrico de varias docenas de postes enlazados por una complicada telaraña de cables sobre un terreno equivalente a dos canchas de vóley que fue concebido por el científico peruano Ronald Woodman. Sirve para el estudio de las alteraciones de la capa de ozono y para medir ecos mesoféricos polares. La medición de este fenómeno es útil para el entendimiento de fenómenos climatológicos. Estos estudios se han vuelto indispensables para la comprensión del efecto invernadero, el agotamiento del ozono estratosférico y la desertificación. Es único en su género y cien por ciento peruano.

they can travel thousands of miles from the far Northern Hemisphere and deposit in the glaciers, which are a pristine source of freshwater. The wrongly environmental management in other latitudes also has its negative effects down here, as it is very well known. That is why we gather exhibits that allow us to analyze how much pollution we have caused during certain periods of our history- Tavares says.

Near the glacier where the team of Peruvian scientists examines the effects of global warming, a group of Adelie penguins faces the wind, just the way two men covered by several layers of coating who work on the maintenance of a radar renowned worldwide do. Luis Flores, one of the engineers of the project that is being executed by the Geophysical Institute of Peru and the University of Piura, defines the virtues of this effective system:

- The MST radar is a symmetric set of several dozens of poles that are linked together in a complicated web of cables over a space that equals two volleyball courts that was conceived by the Peruvian scientist Ronald Woodman. It serves in the studies on the alterations of the ozone layer and to measure polar mesospheric echoes. The measurement of this phenomenon is useful to understand climate phenomena. These studies have become indispensable to comprehend the greenhouse effect,

En la isla Rey Jorge, un glaciar libera sus aguas hacia la bahía del Almirantazgo, donde se ve anclado el buque peruano Humboldt.

On King George Island, a glacier releases its water in the direction of Admiralty Bay were the Peruvian ship Humboldt is anchored.

Al llegar al final de su misión, luego de largas jornadas de practicar ciencias bajo cero, el Humboldt descansa anclado. El contralmirante Héctor Soldi llama a la reflexión con un mensaje que nos deja un horizonte de esperanza ante la crisis climática:

- La Antártida es una muestra de naturaleza totalmente impoluta que nos debe hacer recordar como es ésta en su estado menos contaminado. Y creo que debe servir de comparación cuando vemos lo que estamos haciendo alrededor de nuestras propias áreas. Sin embargo, cada vez que viajamos al Continente Blanco y vemos el espíritu de cooperación, el sentimiento de paz, pienso en el gran valor que tiene la actitud humana en la Antártida y ese ejemplo se debería repetir en todo el mundo.

the stratospheric ozone depletion and desertification. This radar is the only one of its kind and it is a hundred percent Peruvian.

Upon reaching the end of his mission, after long days of practicing sciences under zero degrees, the Humboldt lays anchored. Rear admiral Héctor Soldi calls for reflection with a message that leaves a horizon of hope before the climate crisis:

- Antarctica is an exhibit of nature that remains totally unpolluted and which might make us remember how it looks in its least contaminated state. I believe that this can serve to compare when seeing what we are doing around our own areas. However, each time we travel to the White Continent and see the cooperative spirit, the peaceful sense, I think about the great value that human attitude shows in Antarctica, and such example should be mirrored in the whole world.

Con alrededor de 14 millones de kilómetros cuadrados de extensión, la Antártida es la región más fría y menos habitada del planeta.

With about fourteen square kilometers of extension, Antarctica is the coldest and less inhabited region on the planet.

El mar tempestuoso es barrido por vientos poderosos que azotan la Punta Crepín y la base antártica Machu Picchu.

The tempestuous sea is waved by powerful winds that also flog Crepin Point and the Antarctic base of Machu Picchu.

Hielo de un glaciar antártico encuentra su fin al llegar al mar.

An ice shelf from an Antarctic glacier finds its end upon reaching the sea.

Efímero arte natural en un glaciar de la Isla Rey Jorge.

Ephemeral natural art in a glacier on King George Island.

Cuando los rayos del sol pegan en el hielo, más del noventa por ciento rebota hacia el espacio, como un espejo. Pero cuando pegan en mar abierto, el mismo porcentaje es absorbido. Conforme el agua se calienta se acelera el derretimiento del hielo.

When sun rays impact against ice, more than ninety percent bounces back to space, as if the ice was a mirror. However, when rays impact on open sea, that same percentage is absorbed. As water warms, the ice melting process accelerates.

Al Gore

Ex Vicepresidente de los Estados Unidos de América.

Former Vice President of the United States of America.

Una paloma del cabo surca los abismos sobre el turbulento mar de Bransfield.

A cape turtle dove flies over the abysses on the turbulent Bransfield Strait.

LLEGA EL VERANO Y LAS GAVIOTAS REPOSAN SOBRE UN TÉMPANO.

SUMMERTIME ARRIVES AND SEAGULLS REST ON AN ICE SHELF.

Período de muda del plumaje de los pingüinos barbijo.

Moulting time for the chinstrap penguins.

ESTE MUNDO SOLITARIO E INMACULADO ESTÁ FORMADO POR CAPAS DE HIELO QUE PUEDEN LLEGAR A UN ESPESOR DE MÁS DE 4,000 METROS.

THIS LONE AND IMMACULATE WORLD IS FORMED BY ICE CAPS WHOSE THICKNESS CAN REACH MORE THAN 4,000 METERS.

Antártida posee el 90 por ciento de la totalidad de los hielos que existen en la Tierra y es su mayor reserva de agua dulce.

Antarctica accounts for ninety percent of the total amount of ice existing on Earth and is its main freshwater reservoir.

La temible foca leopardo descansa sobre un témpano flotante.

The fearful leopard seal rests on a floating ice shelf.

Témpanos que se han desprendido del mismo glaciar cubren la bahía del Almirantazgo.

Ice shelves that have detached from the same glacier cover Admiralty Bay.

<<

Un glaciar de la isla Rey Jorge se impone ante la base peruana Machu Picchu.
A glacier on King George Island stands mightily before the Peruvian base of Machu Picchu.

El calentamiento global está acelerando el derretimiento de los hielos antárticos.

Global warming is accelerating the melting process of the Antarctic ice sheets.

Finalizando el verano antártico, los hielos se disuelven en las costas de la isla Rey Jorge.

At the ending of the Antarctic summer, ice shelves melt on the coast of King George Island.

Este glaciar en
Tierra del Fuego
muestra los efectos
del cambio climático,
Chile.

*This glacier on
Tierra del Fuego
shows the effects
of climate change,
Chile.*

Río formado por el agua que drena un glaciar en Tierra del Fuego, Chile.

Water drained by a glacier forms a river in Tierra del Fuego, Chile.

Las áreas costeras tendrán que prepararse. Ya hemos visto ejemplos de esto en Japón y Holanda, países industrializados con economías fuertes. Ellos ya han levantado barreras para prevenir que el océano invada sus tierras.

Coastal areas will have to be prepared. We have already seen examples of that in Japan and The Netherlands, industrialized countries with strong economies that have built up dikes to prevent the ocean to invade the land

Maurice Strong
Organización de las Naciones Unidas
United Nations Organization

Gigantescas paredes de hielo se desmoronan en el glaciar San Rafael, Chile.

Giant ice walls crumble down out of the San Rafael Glacier, Chile.

Los efectos del calentamiento global son contundentes. Lo comprobamos al observar, a lo largo de nuestra travesía marina, debilitados glaciares convertirse en crecientes ríos de deshielo.

The effects of global warming are undisputable. We could prove that via the observation, throughout our sea voyage, of weakened glaciers that are becoming rivers of thawed ice.

Alejandro Balaguer
Expedición antártica peruana
Antar XIII

Peruvian Antarctic Expedition
Antar XIII

Millones de toneladas de hielo se disuelven en la gran laguna del glaciar San Rafael, Chile.

Millions of tons of ice melt in the large lagoon in the San Rafael Glacier, Chile.

Caprichos del hielo en el glaciar San Rafael, Chile.

Extravagant forms of ice at the San Rafael Glacier, Chile.

>>

Farallones del glaciar San Rafael, Chile.
Stacks in the San Rafael Glacier, Chile.

Durante la segunda mitad del siglo XX, los glaciares en los alrededores de la base argentina Jubany se retiraron más de 500 metros.

During the second half of the 20th Century, the glaciers near the Argentinean base of Jubany retreated more than five hundred meters.

Costa gélida en la base argentina Jubany, isla Rey Jorge.

The icy coast at the Argentinean base of Jubany, King George Island.

La Antártida es una muestra de naturaleza totalmente impoluta que nos debe hacer recordar como es ésta en su estado menos contaminado.

Antarctica is an exhibit of nature that remains totally unpolluted and which might make us remember how it looks in its least contaminated state.

Rear Admiral Héctor Soldi
Marina del Perú
Peruvian Navy

Mar bajo cero, ensenada Mackellar, isla Rey Jorge.
Below zero sea, Mackellar cove, King George Island.

El Dr. Maurice Strong, Secretario General en 1992 de la Conferencia sobre Medio Ambiente y Desarrollo de las Naciones Unidas –conocida como *Earth Summit*– y asesor principal del ex Secretario General de las Naciones Unidas Kofi Annan, señala la llegada de lo ambiental al primer plano del derecho internacional.

Creo que hay que tomar medidas para reducir los gases del efecto invernadero, lo cual estamos lejos de cumplir. Al mismo tiempo, pienso que las áreas costeras, especialmente las que tienen poblaciones grandes, tendrán que prepararse. Ya hemos visto ejemplos de esto en Japón y Holanda, países industrializados con economías fuertes. Ellos ya han levantado barreras para prevenir que el océano invada sus tierras. Es una ayuda posible, pero para muchos países no es factible económicamente construir tales defensas, de modo que tendrán que trasladar ciudades y poblaciones enteras.

Las intrusiones que vendrán por el cambio climático van a ocurrir más rápido de lo que las personas prevén. Sin duda, es hora de hacer algo para aliviar estas consecuencias. Las ciudades costeras del mundo van a tener que tomar medidas, y pronto. De lo contrario el saldo será trágico. Por eso no debemos descuidar la prevención, hemos de prestarle más atención a minimizar las consecuencias que ineludiblemente ocurrirán.

Mucha gente está en contra del Protocolo de Kyoto porque dice que va a ser desastroso para los negocios. Pienso en los días que en Inglaterra la gente se levantó en contra del trabajo infantil y el comercio de esclavos; algunos decían que podía ser aceptable desde un punto de vista moral pero que arruinaría los negocios.

El Protocolo de Kyoto es imperfecto, pero nuestros esfuerzos deben estar dirigidos a mejorarlo, para asegurar su práctica y para ampliarla, porque nunca fue pensado

Dr. Maurice Strong was the Secretary General of the United Nations Conference on Environment and Development, held in Rio de Janeiro in 1992 –also known as Earth Summit– and head advisor to the former Secretary General of the United Nations Kofi Annan. Dr. Strong points out the arrival of the environmental issue to the center stage of international law.

I believe that there is the need to take action to reduce the emissions of greenhouse gases, something that is still very distant to reach. At the same time, I think that the coastal areas, especially the ones with large populations, will have to be prepared. We have already seen examples of that in Japan and The Netherlands, industrialized countries with strong economies that have built up dikes to prevent the ocean to invade the land. This is a likely help, but for many countries it is not economically feasible to build such defenses, so the only solution will be to move entire cities and populations.

The intrusions that the climate change will provoke are going to occur faster than everyone expects. There is no doubt that it is time to do something to ease these consequences. Coastal cities in the world will have to take actions, soon. Otherwise, the result will be tragic. That is why we must not neglect prevention; on the contrary, we must pay more attention to the minimization of the consequences that inevitably will occur.

Many people are against the Kyoto Protocol and their explanation on that is that it will be disastrous for businesses. And I remember those yesterdays when in England people protested against child work and

como un plan final. Esto obliga a un firme trabajo internacional cuyo objetivo sea crear un marco legal dentro del cual tengan cabida todas las diferencias, de modo que se logre alcanzar un acuerdo sobre un programa positivo de continuación.

Pienso que lo que necesitamos a nivel internacional es un instrumento normativo que permita que los que estén siendo afectados puedan demandar a los causantes del daño, incluso a través de las fronteras. Que alguien en un país pueda demandar a otro en el extranjero porque está lesionando su salud o su economía con determinadas acciones ambientales, tendría sin dudas un efecto preventivo enorme.

Nota del editor
El objetivo del Protocolo de Kyoto es reducir un 5.2 por ciento las emisiones de gases de invernadero globales, tomando en cuenta los niveles de 1990, para el período 2008-2012. El Protocolo de Kyoto entró en vigor el 16 de febrero de 2005, una vez que 55 estados —que generaban el 55 por ciento de las emisiones de gases de efecto invernadero— lo ratificara. Actualmente, ya son 129 los estados que forman parte de este instrumento internacional, los que generan el 61 por ciento de las emisiones. Hasta el momento, el principal opositor a la ratificación del Protocolo es el gobierno de Estados Unidos, el país con más emisiones de gases de efecto invernadero.

slave trade and some would say that it could be acceptable from a moral point of view but that would ruin businesses.

The Kyoto Protocol is not flawless, but our efforts must be directed to look for its improvement and that way securing its application, and to expand it for it was not conceived as a final plan. This paves the way for a firm international task whose objective is to create a legal framework within which all differences are considered so that it would be possible to reach an agreement on a program that will be both positive and permanent.

I think that what we need at an international level is a regulating instrument allowing people that get affected be able to sue the ones causing the damage, even all across national borders. It should be possible that a certain country can sue another provided the latter is hurting the health or economy of the former through environmental actions; this surely would have a huge preventive effect.

Note from the editor
The objective of the Kyoto Protocol is to reduce by 5.2 percent the global emissions of greenhouse gases, compared to the year 1990, over the five-year period of 2008-2012. The Kyoto Protocol came into force on February 16, 2005, after 55 countries —which generated 55 percent of the emissions of greenhouse gases— ratified it. So far, there are 129 countries that form this international instrument, which generate 61 percent of greenhouse gases emissions. The main opponent to the ratification of the agreement is the government of the United States, which is the country with the largest emissions of greenhouse gases.

(Maurice Strong)

Secretario General en 1992 de la Conferencia sobre Medio Ambiente y Desarrollo de las Naciones Unidas

Secretary General of the United Nations Conference on Environment and Development

"Un árbol inyecta a la atmósfera, cada día de su vida, ciento veinticinco galones de agua en forma de vapor"

"A tree injects into atmosphere, each day of its life, one hundred and twenty five gallons of water in the form of steam"

[**Stanley Heckadon**]

Director de Comunicaciones y Programas Públicos del Instituto Smithsoniano de Investigaciones Tropicales

Communications and Public Programs Director of the Smithsonian Tropical Research Institute

CAPÍTULO IV Los otros bosques de América

CHAPTER IV
The other forests of the Americas

[Alejandro Balaguer]
Andes y Mares, Perú,
Fundación Albatros Media, Panamá

LOS BOSQUES, NUESTROS MEJORES ALIADOS

Hubo un tiempo en que las águilas arpías volaban indómitas sobre el dosel del bosque tropical. Los gigantes verdes eran su hogar, coto de caza y refugio seguro. A lo largo y ancho de América, estos bosques formaban una gran cadena conectada de ecosistemas, que sirvieron –desde el surgimiento del istmo de Panamá- para el paso de las especies entre el sur y el norte del continente. Pero poco a poco, los gigantes del bosque fueron desapareciendo.

El fuego y la tala, implacables, devastaron el reino de las águilas. De aquella cadena de vida que constituía un fascinante puente biológico fueron quedando escasos eslabones; con pocos parches verdes y muchos parches de muerte. Así, el bosque se vio fragmentado y sumados los estragos causados por el cambio climático, águilas arpías y muchas otras especies ya no se vieron como antes: comenzaron a extinguirse.

Los ritmos actuales de extinción de los últimos siglos son unos cientos de veces más rápidos que lo normal. La mayoría de los ecologistas acepta que nos estamos acercando a los ritmos de desaparición vistos en las cinco extinciones masivas anteriores, dice Jeremy Thomas, del Centro de Hidrología y Ecología de Inglaterra. Nuestra gran casa, la Tierra, ha sufrido cinco

FORESTS, OUR BEST ALLIES

There was a time when harpy eagles flew free over the canopy of the tropical rainforest. The green giants were their house, their hunting lands and safe shelter. All around the Americas, these forests formed a great chain of connected ecosystems which served –ever since the surging of the Isthmus of Panama- to allow the pass of species between the South and the North portions of the continent. But slowly, the giants of the forest were disappearing.

Fire and logging, implacable, devastated the kingdom of eagles. From that life chain that comprised a fascinating biological bridge only few links were being left; few green patches and many patches of death. Thus, the forest was fragmented and adding up to that the damages caused by the climate change, harpy eagles and many other species were not as abundant as before: they began to extinguish.

The pace of extinction during the last centuries has been some hundred times faster than normal. Most ecologists agree that we are getting closer to the speed of animal and plant disappearance that was seen in the five previous massive extinctions, says Jeremy Thomas, of the Centre for Ecology and Hydrology of the

extinciones masivas en los últimos seiscientos millones de años; una de ellas eliminó a los dinosaurios, hace sesenta y cinco millones de años. La ciencia advierte que desde hace tiempo se está atravesando la sexta extinción. *Y hasta donde sabemos, esta última extinción la está provocando un solo organismo animal: el hombre*, concluye Thomas.

United Kingdom. Our big house, the Earth, has suffered from five massive extinctions through the last six hundred million years; one of them eliminated dinosaurs, sixty five years ago. Science is warning that the sixth extinction has been on its way since some time ago. *And as far as we know, this latest extinction is being provoked by a sole animal organism: humankind*, concludes Thomas.

Data about the ecological holocaust caused by the wrong habits of humankind are endless. For instance, more than fifty scientific reports published by *Science* magazine tell that a third of the 5,743 amphibian species on our planet are disappearing. The human impact on ecosystems and the climate change have provoked the proliferation of a fungus that kills amphibians, the *Batrachochytrium dendrobatidis*, which has wiped out the legendary golden toad (*Atelopus zeteki*) and many other tropical amphibians. Today, silence reigns in the ponds and forests are losing their natural treasures.

But when it is about to protect these treasures, developing countries are supposed to carry this load by their own –warns Vinod Thomas, Vice President of the World Bank–. *The rainforest could be managed to finance development and to generate growth in a sustainable and social inclusive way. But to achieve that*

Los datos sobre del holocausto ecológico causado por los malos hábitos de la humanidad son inacabables. Por ejemplo, más de cincuenta informes científicos publicados por la revista Science dicen que un tercio de las 5,743 especies de anfibios de nuestro planeta están desapareciendo; ranas, sapos y salamandras ya no se avistan como antes. El impacto humano sobre los ecosistemas y el cambio climático ha provocado la proliferación de un hongo asesino de anfibios, el *Batrachochytrium dendrobatidis*, que ha acabado con las legendarias ranas doradas (*Atelopus zeteki*), y con muchos otros anfibios tropicales. Ahora, reina el silencio en las charcas y los bosques van perdiendo sus tesoros naturales.

Pero cuando se trata de proteger estos tesoros, se espera que los países en desarrollo carguen solos con el peso -advierte el vicepresidente del Banco Mundial, Vinod Thomas-. *El bosque lluvioso se podría manejar para financiar el*

desarrollo y generar crecimiento de un modo sostenible y socialmente incluyente. Pero, para lograr esto, los países y la comunidad internacional deben tomar un papel más activo. Costa Rica lo ha entendido desde hace más de dos décadas. Su modelo de pagos a propietarios de bosques por servicios ambientales es un ejemplo para la región. Este sistema reconoce que los bosques proveen bienes y servicios que deben ser retribuidos y consiste en un desembolso que hace el Estado a los dueños de bosques que deseen protegerlos de manera correcta.

Esta medida ha involucrado a más de 22,000 pequeños y medianos productores forestales desde el inició el programa en 1997, propietarios de un área total de 260,239.67 hectáreas, en 1999, de las cuales 15,748 corresponden a plantaciones forestales, 220,652.42 a bosques privados protegidos y 22,817 a bosques bajo manejo sostenido con fines de producción de madera. Los recursos económicos para los pagos provienen, principalmente, de un tercio del monto recaudado por el impuesto selectivo de consumo a los combustibles e hidrocarburos, recursos de la cooperación internacional y la venta de servicios que se realizan a escala nacional e internacional. Es decir, el que contamina debe pagar.

Asimismo, Costa Rica ha promovido el Fondo de Carbono, que sirve de depositario para recursos provenientes de fuentes internacionales y

goal, countries and the international community must assume a more active role.

Costa Rica realized it more than two decades ago. Its model of payments for environmental services to forest owners is an example for the entire region. This system recognizes that forests provide with goods and services that must be remunerated and consists of a reimbursement made by the State to the owners of forests who want to protect them in the correct way.

Since its launching in 1997, the program has involved more than 22,000 medium and small forestry producers who in 1999 owned a total of 260,239.67 hectares, of which 15,748 were forestry plantations, 220,652.42 were private protected forests and 22,817 were forests under sustainable management to produce wood. The economic resources for the payments come, mainly, from a third of the revenues collected from the tax on fuel and hydrocarbons consumption, as well as resources from international cooperation and the selling of services made at a national and international scope. This means that who contaminates must pay.

Likewise, Costa Rica has promoted a Carbon Trust, which serves as a depository for resources from international sources and

distribuye derechos o créditos de carbono a cambio de este tipo de depósitos. *El Fondo de Carbono* -precisa la analista Silvia Charpentier- *sirve como agente de financiamiento para proyectos nacionales de implementación conjunta, al ampliar los incentivos forestales del gobierno y al apoyar proyectos de energía renovable.*

En un mundo al borde de una crisis climática, esfuerzos de este tipo deberían multiplicarse a lo largo y ancho del mundo a efectos de fomentar políticas que generen incentivos económicos necesarios para la conservación de la naturaleza, una aliada indispensable para enfrentar a corto plazo las trágicas consecuencias de una industrialización desmedida e irresponsable. Porque los bosques se vuelven mucho más valiosos a medida que se radicaliza el calentamiento del planeta.

En las entrañas de este mundo vegetal, el milagro de la vida se hace posible gracias a sus árboles. Estos permiten la captación de agua al actuar como esponjas que, una vez que llueve, absorben el líquido vital y lo liberan lentamente, permitiendo un flujo constante, hasta en temporada de sequía. Los colosos, maduros y longevos, aportan en muchos casos agua en cantidades increíbles: más de dos mil vasos de agua diarios. Este fenómeno hídrico ocurre gracias a una delicada y frágil red, milagrosa y fértil, que ha tejido la madre naturaleza.

which distributes the rights or carbon credits in exchange of this kind of deposits. *The Carbon Trust* –points out the analyst Silvia Charpentier– *serves as a financing agent for national projects that are jointly implemented, because it widens the incentives given by the Government on the forest field and supports projects on renewable energy.*

In a world on the verge of a climate crisis, efforts like the aforementioned must multiply all around the world so they can encourage policies aimed to generate economic incentives to preserve nature, which is an indispensable ally to face in the short term the tragic consequences of an irresponsible and uncontrolled industrialization. Because forests become much more valuable as the global warming worsens.

In the depths of this green world, the miracle of life is made possible thanks to its trees. They allow rainwater reception for they act as sponges which, once it rains, absorb the vital liquid and slowly release it, thus permitting a constant flowing that works even during the drought season. The colossal, mature and old ones contribute in many cases with unbelievable amounts of water: more than two thousand glasses daily. This hydrologic phenomenon happens thanks to a delicate and fragile network, miraculous and fertile, that has been weaved by Mother Nature.

El doctor Jon Fjeldså, especialista en biogeografía con énfasis en los Andes Tropicales de Sudamérica, enfatiza el valor de los bosques: *Juegan un rol importante en el mantenimiento de la estabilidad de los sistemas de montaña. Los bosques son vitales para la conservación del agua pues interceptan y almacenan el agua de lluvia, de niebla y la nieve, liberándola lentamente. De esta manera, ayudan indirectamente a la conservación del suelo. También almacenan carbono en el suelo orgánico de su sotobosque, rico en nutrientes que luego son liberados hacia las partes más bajas beneficiando así a las pasturas y los bofedales. Para los campesinos de las alturas, los bosques son la fuente más importante de leña y plantas medicinales.*

Desde Mesoamérica hasta la Patagonia, los diversos bosques de América Latina son aliados de la humanidad, son el gran pulmón del planeta y brindan valiosos servicios ambientales: la mitigación de emisiones de gases de efecto invernadero, la protección del agua, la producción de energía hidroeléctrica, además de una belleza escénica y biodiversidad que convoca a millones de turistas anualmente, movilizando la economía de manera sostenible.

Y no sólo brindan estos servicios. Estudios del bosque tropical han demostrado que los hojas jóvenes contienen más compuestos químicos que las hojas maduras. Esto es así porque las hojas jóvenes son tiernas y, por lo tanto, necesitan de una serie de compuestos químicos extras

Dr. Jon Fjeldså, a specialist on biogeography with emphasis on the Tropical Andes of South America, highlights the value of forests: *They play an important role in the maintenance of the mountain systems stability. Forests are vital for water preservation because they intercept and store water from rain, fog and snow, releasing it at a slow pace. This way, they indirectly help the soil preservation. Also, they store carbon dioxide in the organic ground of their understory layer which is rich in nutrients that later are released to the lower parts thus benefiting prairies and marshes. To peasants of the high lands, forests are their most important source of firewood and medicinal plants.*

From Mesoamerica to Patagonia, the forests of Latin America are allies to humankind, they are the great lungs of the planet and bring valuable environmental services: the mitigation of greenhouse gases, the protection of water, the production of hydroelectric energy, as well as a scenic beauty and biodiversity that gathers millions of tourists annually, putting the economy in motion in a sustainable way.

And they not only bring these services. Studies on the tropical forest have demonstrated that young leaves contain more chemical compounds that the mature ones because they need

que las protejan de los herbívoros. Por lo tanto, pueden ser activas frente a diversas enfermedades humanas, dice Alicia Ibáñez, una experimentada botánica del Instituto Smithsonian de Investigaciones Tropicales que ha pasado parte de su vida investigando los bosques.

Sin embargo, a escala global, la tala los está fragmentando. *Cuando el bosque es talado en pedazos pequeños, hay mucha más luz y viento que penetra la selva, que no se adapta a esta clase de condiciones. Muchos de los árboles, apenas se secan, simplemente mueren. Los esqueletos de los árboles dejan en desorden los bordes del bosque y los golpes del viento crean muchos agujeros en su pabellón. El pabellón es como la piel protectora del bosque, mantiene la humedad y guarda la oscuridad, crea las condiciones climáticas que muchas plantas y animales necesitan para sobrevivir*, advierte el Dr. William Laurence, máxima autoridad en bosques tropicales del mundo.

A ello se suman los fuegos. La presencia frecuente del Fenómeno de El Niño incrementa las probabilidades de incendios forestales en la estación seca. Por su parte, la quema, que se presenta cada año en el campo, es un problema de tipo cultural y de educación ambiental que se agrava por la preocupante cantidad de agricultores convencidos que sus suelos se fertilizan si se ejecuta esa práctica.

them as protection against herbivores. Thus, they can be useful to treat several human diseases, says Alicia Ibáñez, an experienced botanical scientist of the Smithsonian Tropical Research Institute that has spent part of her life researching on forests.

On a global scale, logging is fragmenting forests. *When logging is performed in small areas, the amount of daylight and wind that penetrate the jungle increases, and jungles can not adapt to this sort of condition. Many trees, once they dry out, simply die. And the remains leave the forests borders in disarray so the blasts from the wind create many holes in the emergent layer. This layer acts as the protective skin of the forest, maintaining humidity and guarding darkness, thus creating the climate conditions that many plants and animals need to survive*, warns Dr. William Laurence, who is the most respected specialist on tropical forests in the world.

Fire is another problem. The frequent occurrence of the El Niño Southern Oscillation increases the probabilities of forest fires during the dry season. On the other side, human-caused fire is a cultural and environmental educational issue that is aggravating due to the alarming number of farmers who are convinced that their soils get fertilized if they carry out that practice.

Esto tiene un efecto sumamente destructivo en la naturaleza, alerta Stanley Hekadon, antropólogo del Instituto Smithsoniano de Investigaciones Tropicales. *Los fuegos destruyen los suelos, matan todos los hongos que lo nutren y la tierra no está protegida cuando llega el invierno y llueve. Así que lava el suelo, y llena las quebradas de lodo, lo que facilita las inundaciones, al salir al mar, mata los corales y los manglares. La deforestación es una de las prácticas más perniciosas, pues atenta contra el medio ambiente y contra nosotros mismos.*

Muy lejos de entender el peligro, en menor o mayor grado, la deforestación galopante se extiende por todo el continente americano y así lo registra el Dr. Laurence: *Tomemos como ejemplo Brasil, que está perdiendo una enorme cantidad de bosques tropicales. Son dos millones y medio de hectáreas de bosque que se pierden por año. Un área similar al tamaño de Bélgica está siendo destruida allí cada año. Para poner eso en términos simples, es el equivalente a once campos de fútbol que se arrasan cada minuto. Increíble pero cierto. Cada minuto, de cada día, de cada año. Esa es la cantidad de bosque que se está destruyendo.*

This has a hugely destructive effect on nature, warns Stanley Heckadon, anthropologist of the Smithsonian Tropical Research Institute. *Fires destroy the soil, kill all fungus that nourish it, and the land is not protected when winter comes and rain falls. So the water washes out the soil and fills hollows with mud which eases the way for flooding. When it reaches the sea, it kills corals and mangroves. Deforestation is one of the most pernicious practices for it works against both the environment and us.*

Far from understanding the danger, the unstoppable deforestation is spreading throughout the Americas. Dr. Laurence registers this issue as follows: *Let us take the case of Brazil, which is losing a huge amount of tropical rainforests. There are two million and a half hectares of forest that are lost each year, that is, an extension similar to the size of Belgium is being destroyed annually. To put that in simple terms, every minute the equivalent of eleven soccer fields is devastated. That is unbelievable to be true, but it is. Each minute of each day, every year. That is the amount of forest that is being destroyed.*

En las faldas del volcán Barú, en Panamá, se conserva el mayor recurso hídrico de Centroamérica.

In the skirts of the Barú volcano, in Panama, the largest hydrological resource of Central America is conserved.

En lo que fue antaño un bosque seco tropical panameño, se ven las huellas de la intensiva actividad humana.

In what in the past was a Panamanian dry tropical forest, one can see the traces of the intense human activity.

Reflejos en una laguna de Guanacaste, Costa Rica.

Reflections on a lagoon in Guanacaste, Costa Rica.

Un árbol inyecta a la atmósfera cada día de su vida, 125 galones de agua en forma de vapor. Como ese árbol vive entre 150 y 200 años, hablamos de más de 50,000 galones de agua.

A tree injects into the atmosphere, each day of its life, one hundred and twenty five gallons of water in the form of steam. Given that a tree lives between one hundred and fifty and two hundred years, we are talking about more than one fifty thousand gallons of water.

Stanley Heckadon
Instituto Smithsonian
Smithsonian Institute

Bosque tropical intacto en Coiba, Panamá, la mayor isla boscosa tropical de América.

A tropical forest in Coiba, Panama, remains intact. This is the largest tropical forest island in the Americas.

PUREZA MATINAL
EN EL VOLCÁN
BARÚ, PANAMÁ.

*MORNING
PURITY IN THE
BARÚ VOLCANO,
PANAMA.*

Muerte por sed en el Parque Nacional Sarigua, Panamá.

Death by thirst at the Sarigua National Park, Panama.

Ciclo del agua en el Parque Nacional Manuel Antonio, Costa Rica.

Water cycle at the Manuel Antonio National Park, Costa Rica.

Cascada del bosque tropical de altura, Parque Internacional La Amistad, Panamá.

A cascade in an upper tropical forest, La Amistad International Park, Panama.

El bosque lluvioso se podría manejar para financiar el desarrollo y generar crecimiento de un modo sostenible y socialmente incluyente.

The rainforest could be managed to finance development and to generate growth in a sustainable and social inclusive way.

Vinod Thomas

Vice Presidente
Banco Mundial

Vice President
World Bank

Temporada de lluvias, Parque Manuel Antonio, Costa Rica.
Rain season, Manuel Antonio National Park, Costa Rica.

La deforestación en la Amazonía causa la sedimentación de las cuencas y la erosión de los suelos.

Deforestation in Amazonia is causing the sedimentation and erosion of soils.

>>

Los bosques prístinos tropicales –como en Coiba, Panamá– conservan los ríos y protegen las cuencas.

Pristine tropical rainforests –like in Coiba, Panama– preserve rivers and protect drainage basins.

Costa Rica ha promovido el Fondo de Carbono, que sirve de depositario para recursos provenientes de fuentes internacionales y distribuye derechos o créditos de carbono a cambio de este tipo de depósitos.

Costa Rica has promoted the Carbon Trust, which serves as a depository for resources from international sources and which distributes the rights or carbon credits in exchange of this kind of deposits.

Cerca al río Tárcoles, en la vertiente del Pacífico costarricense, existe un tesoro hídrico.

Near the Tárcoles River, on the Pacific Costa Rican watershed, exists a hydrological treasure.

El cacaotillo, especie nativa de las islas Galápagos, crece gracias al agua de niebla, en el cráter del volcán El Junco, Ecuador.

The cacaotillo, a native species of the Galápagos Islands, grows thanks to fog water, in the crater of El Junco volcano, Ecuador.

Laguna formada en el cráter del extinto volcán El Junco. Dota de agua fresca al pueblo de San Cristóbal, Galápagos.

A lagoon formed in the crater of the extinct El Junco volcano. It provides with water the town of San Cristóbal, Galápagos Islands.

Los bosques son el gran pulmón del planeta y mitigan las emisiones de gases de efecto invernadero; también permiten la producción de energía hidroeléctrica.

Forests are the great lungs of the planet and mitigate the emissions of greenhouse gases; they also allow the generation of hydroelectric power.

En las márgenes del río Negro, en la isla panameña Coiba, se conectan dos de los ecosistemas terrestres más ricos del planeta: bosque tropical y manglar.

On the banks of the Negro River, on the Panamanian Coiba Island, two of the richest terrestrial ecosystems of the planet connect: tropical rainforest and mangrove.

EL BOSQUE DE LOS ESPEJOS Y LA LEYENDA DE COIHUE

Fue una entre millones de semillas diseminadas por el viento la que finalmente logró enraizarse en la profunda selva fría patagónica de Chile, el país de los quinientos volcanes. Tercamente, aprovechando la transformación constante de las otras especies vivientes, se fue haciendo fuerte bajo la sombra de sus parientes, los gigantes del bosque virgen. Coihue: así llamaron a este majestuoso árbol los sabios nativos que vivían en el bosque.

Corría el tiempo. La tierra oscura se veía a ratos alfombrada con parches de musgos verdes y esponjosos, o cubierta de gruesas capas de nieve y hielo. Junto al pequeño coihue, alerces anchos como columnas de catedrales, lustrosos arrayanes, ulmos cubiertos de líquenes, recias lengas y cipreses adornados con guirnaldas de salvajina, dominaban las abruptas quebradas luchando por la luz. Sus ramas eran refugio de la lechuza blanca, del chucao, el zorzal, el mirlo y la golondrina.

Era el comienzo de un nuevo milenio. En América florecían las culturas preíncas, mientras que Europa convulsionaba con el inicio de las Cruzadas. Ajeno a todo, el tenaz coihue se hacía fuerte de a pocos, mientras el bosque austral palpitaba silenciosamente.

THE FOREST OF MIRRORS AND THE LEGEND OF COIHUE

It was one out of millions of seeds that were spread out by the wind that finally took root in the deep cold Patagonian rainforest of Chile, the country of the five hundred volcanoes. Stubbornly, taking advantage of the transformation of other living species, it got stronger under the shadow of its relatives, the giants of the virgin forest. Coihue: that is how this majestic tree was called by the native wise men that lived in the forest.

Time passed by. The dark soil was at certain moments covered by a carpet of green and spongy moss or by caps of show and ice. Next to the small coihue, Patagonian cypresses, wide as cathedral columns, bright Chilean myrtles, ulmo trees covered up by lichens, thick lengas and cypresses adorned by garlands of Spanish moss, dominated the abrupt hollows struggling to catch some light. Their branches were the retreat of the white barn-owl, the chucao, the robin, the thrush and the swallow.

It was the beginning of a new millennium. In the Americas, the pre Incan cultures blossomed while Europe was shaken by the beginning of the Crusades. Unaware, the tenacious

Mediaba el año 1200 y el tiempo transcurría inexorablemente. Una tribu de indios Mapuche, en pie de guerra, cruzaba las nieves andinas desde la actual Argentina en un intento por conquistar las tierras ancestrales de los Huilliches. El coihue era ya un adolescente de doscientos años cuando fue testigo de la batalla que estas etnias libraron bajo su sombra. La sangre de los combatientes regó las tierras circundantes del lago Puyehue, culminando en la derrota de los autóctonos y el comienzo del predominio invasor.

coihue was getting stronger, little by little, while the Austral forest quietly palpitated.

Middle of the year 1200 and time passed by unstoppable. A tribe of Mapuche Indians, at war, crossed the Andean snow from what is now Argentina in an attempt to conquer the ancient lands of the Huilliches. The coihue was already an adolescent of two hundred years when it witnessed the battle that these ethnic groups fought below its shadow. The blood of the combatants flowed through the land around Lake Puyehue, and it ended up with the defeat of the autochthons and the beginning of the invaders ruling.

When Columbus came to discover the Americas, coihue was already an adult twenty-five meters tall. More than five centuries had passed, the forest kept on palpitating through its constant cycle of biotic renewal and that way, slowly, coihue raised up to become the venerable elder of almost nine hundred years old that is today.

It is in these mysterious forests where reality and magic gather together amazing the traveler. The tale of coihue (Nothofagus dombeyi) is the common history of thousands of native trees that form the great forests of Patagonia, the last green frontier of

Llegó Colón a descubrir América cuando coihue ya era un adulto de casi veinticinco metros de altura. Más de cinco siglos pasaron, el bosque siguió palpitando en su ciclo de renovación biótica constante y así, lentamente, coihue se elevó hasta ser hoy un venerable anciano de casi novecientos años.

Es en estos bosques misteriosos donde la realidad y la magia se confunden sorprendiendo al viajero. El relato sobre coihue (*Nothofagus dombeyi*) es la historia en común de miles de árboles nativos que forman los grandes bosques de la Patagonia, última frontera verde de América, barrera arbórea de la cordillera de los Andes que hace de frontera entre Chile y Argentina.

En los dominios del viento, en las alturas de los volcanes Puyehue, Puntiagudo y Osorno, las cimas se ven todavía cubiertas por un manto blanco, que se retrae por el calentamiento

del planeta. Bajo los monumentales hielos, las montañas se ven modeladas por el paso de los glaciares. Es conmovedor el silencio, el rumor de una cascada a lo lejos, la belleza indómita que embarga un sentimiento de auténtica comunión con el entorno natural.

Mientras la noche extiende su manto azulado sobre un universo vegetal construido por las múltiples formas del agua, todo el misterio cae nuevamente sobre el bosque todavía intacto: lagos como espejos refulgentes acarician el cielo de los Andes, horizontes de nieves se extinguen en cascadas tempestuosas, nubes de vapor termal coronan los árboles ciclópeos.

Es un mundo salvaje y en riesgo. Real, pero también efímero.

the Americas, an arboreal barrier of the Andes which nowadays is also the border between Chile and Argentina.

Up in the dominions of the wind, in the heights of the volcanoes Puyehue, Puntiagudo and Osorno, the peaks can still be seen covered by a white robe which is retreating due to the warming the planet is suffering. Below the monumental ice sheets, the mountains look shaped by the pass of the glaciers. The silence around is touching, the rumor from a distant cascade, the indomitable gorgeousness that produces a sense of authentic communion with the natural environment.

As the night spreads its blue robe over a universe that has been shaped by multiple water forms, all the mystery falls down on the still intact forest: lakes like refulgent mirrors caress the Andean sky, horizons of snow that end up in tempestuous cascades, clouds of thermal steam that crown the Cyclopean trees.

It is a wild world that is in peril. Real, but ephemeral, too.

Anochecer en el volcán Puyehue, Chile.

Twilight at the Puyehue volcano, Chile.

Bajo los monumentales hielos, las montañas se ven modeladas por el paso de los glaciares. Es conmovedor el silencio, el rumor de una cascada a lo lejos, la belleza indómita que embarga un sentimiento de auténtica comunión con el entorno natural.

Below the monumental ice sheets, the mountains look shaped by the passing of the glaciers. The silence around is touching, the rumor from a distant cascade, the indomitable gorgeousness that produces a sense of authentic communion with the natural environment.

Alejandro Balaguer

Expedición al Parque Nacional Puyehue

Expedition to the Puyehue National Park

Al pasar la tormenta, relucen los volcanes Puyehue y Casablanca, Chile.

After the storm leaves, the volcanoes Puyehue and Casablanca glitter, Chile.

Árboles nativos forman
los grandes bosques
de la Patagonia,
última frontera
verde de América,
barrera arbórea de la
cordillera de los Andes
que hace de frontera
entre Chile y Argentina.

Native trees that form
the great forests of
Patagonia, the last
green frontier of the
Americas, an arboreal
barrier of the Andes
which nowadays is also
the border between
Chile and Argentina.

aldiviano palpita en el Parque Nacional
Puyehue, Chile.

*divian forest palpitates at the Puyehue
National Park, Chile.*

Abajo, el agua todavía abunda; pero arriba, las cumbres nevadas de los Andes se retraen por el calentamiento del clima.

Downstream, water still abounds; but upstream, the snow peaks of the Andes are retreating due to climate warming.

Laguna del Toro, Parque Nacional Puyehue. Chile.

Del Toro Lagoon, Puyehue National Park. Chile.

Desde Mesoamérica hasta Patagonia, los bosques son vitales para la conservación de las cuencas pues interceptan y almacenan el agua de lluvia, de niebla y la nieve, liberándola lentamente.

From Mesoamerica to Patagonia, forests are vital to the conservation of drainage basins because they intercept and store water from rainfall, fog and snow, releasing it at an show pace.

Bosques patagónicos, Chile.
Patagonian forests, Chile.

Muchas fronteras siguen el curso de vías fluviales o bordean lagos, por lo que millones de seres comparten el más precioso de los recursos. La gestión integrada es impostergable.

Many national borders follow the course of rivers or encircle lakes, so that millions of people share the most precious of resources. The integrated management can not be postponed anymore.

Fiordos del canal de Beagle, aguas transfronterizas de Chile y Argentina.

Fjord in the Beagle Channel, transboundary waters between Chile and Argentina.

El Dr. Stanley Heckadon, investigador, antropólogo y sociólogo formado en la Universidad de Essex, Inglaterra, es director de Comunicaciones y Programas Públicos del Instituto Smithsoniano de Investigaciones Tropicales. Muchas de sus investigaciones sirven para una revalorización de la naturaleza en busca de un desarrollo humano sostenible.

Los bosques tienen varias funciones vitales. En primer lugar, actúan como un gran aire acondicionado, de modo que su destrucción provocaría un sensible aumento en la temperatura de la región. Además, estos bosques inyectan agua a la atmósfera haciendo que llueva más e impidiendo que las áreas se vuelvan desérticas.

Hemos realizado estudios donde registramos que un árbol inyecta a la atmósfera, cada día de su vida, ciento veinticinco galones de agua en forma de vapor. Como ese árbol vive entre ciento cincuenta y doscientos años, estamos hablando de más de cincuenta mil galones de agua. Ese es el servicio ambiental que el árbol presta; ¿pero qué precio le ponemos? Como en

Dr. Stanley Heckadon is a researcher, anthropologist and sociologist from the University of Essex, England, is the Communications and Public Programs Director of the Smithsonian Tropical Research Institute. Many of his research works serve as a tool to revalorize nature in search for a sustainable human development.

Forests have several vital functions. In first place, they act as a big air conditioner, so their destruction would provoke a sharp rise in the temperature of the region. What is more, these forests inject water to atmosphere making it rain more and preventing the land to become deserted.

He have conducted studies which have concluded that a tree injects into the atmosphere, each day of its life, one hundred and twenty five gallons of water in the form of steam. Given that a tree lives between one hundred and fifty and two hundred years, we are talking about more than one fifty thousand gallons of water. That is the environmental service the tree gives. But what price can we put on

una hectárea de bosque no hay un árbol sino centenares, el volumen de agua por hectárea que le están inyectando a la atmósfera es extraordinario.

En cuanto al agua de los ríos, estamos arrojando tanta basura, tantos detergentes, tantas aguas negras que salen de las crías de pollo y puerco, y a ninguno de estos residuos les damos tratamiento. Pienso que de aquí a diez años, al ritmo que estamos perdiendo calidad en las aguas, las familias van a tener que dedicar parte de su ingreso a comprar agua embotellada, uno o dos galones por día. Así, se verían obligadas a apartar del presupuesto familiar miles de dólares por año para abastecerse de agua potable.

Finalmente, los países son libres de optar por su estilo de desarrollo. Pueden escoger un proceder destructivo que acabe con la riqueza biológica, arruine todas las funciones positivas vitales que tienen los bosques y multiplique las urbanizaciones, fábricas y ríos contaminados. Pero también pueden elegir vivir en armonía con la naturaleza maravillosa que hemos heredado, de la que tenemos que ser custodios por nuestra propia supervivencia.

it? Because in a hectare of forest there is not one tree but hundreds, the amount of water per hectare that is being injected to atmosphere is extraordinary.

As for the water in rivers, we are throwing so much waste, detergents and blackwater from poultry and pork breeding, and none of these residuals is being treated. I think that in ten years time, at the pace that we are losing quality in waters, families will have to allocate part of their income to buy bottled water, one or two gallons daily. That way, they will have to separate from their budgets thousands of dollars per year to supply themselves with water.

Lastly, countries are free to choose their own style of development. They can opt for a destructive behavior that terminate the biologic wealth, ruin all the positive vital functions that forests have, and multiply the number of urban developments, industrial plants and polluted rivers. But instead, they can opt to live in harmony with this marvelous nature we have inherited, of which we have to be the custodians for the sake of our own survival.

[Stanley Heckadon]

Director de Comunicaciones y Programas Públicos del Instituto Smithsoniano de Investigaciones Tropicales

Communications and Public Programs Director of the Smithsonian Tropical Research Institute

"Hay que desarrollar una agenda común que permita que este vital recurso esté disponible para la continuidad del ciclo de la vida y desarrollo de cada uno de nuestros países"

"A common agenda must be made so they can allow this vital resource be available to assure the continuity of the life cycle and the development of each of our countries"

[**Alan García Pérez**]

Presidente de la República del Perú

President of the Republic of Peru

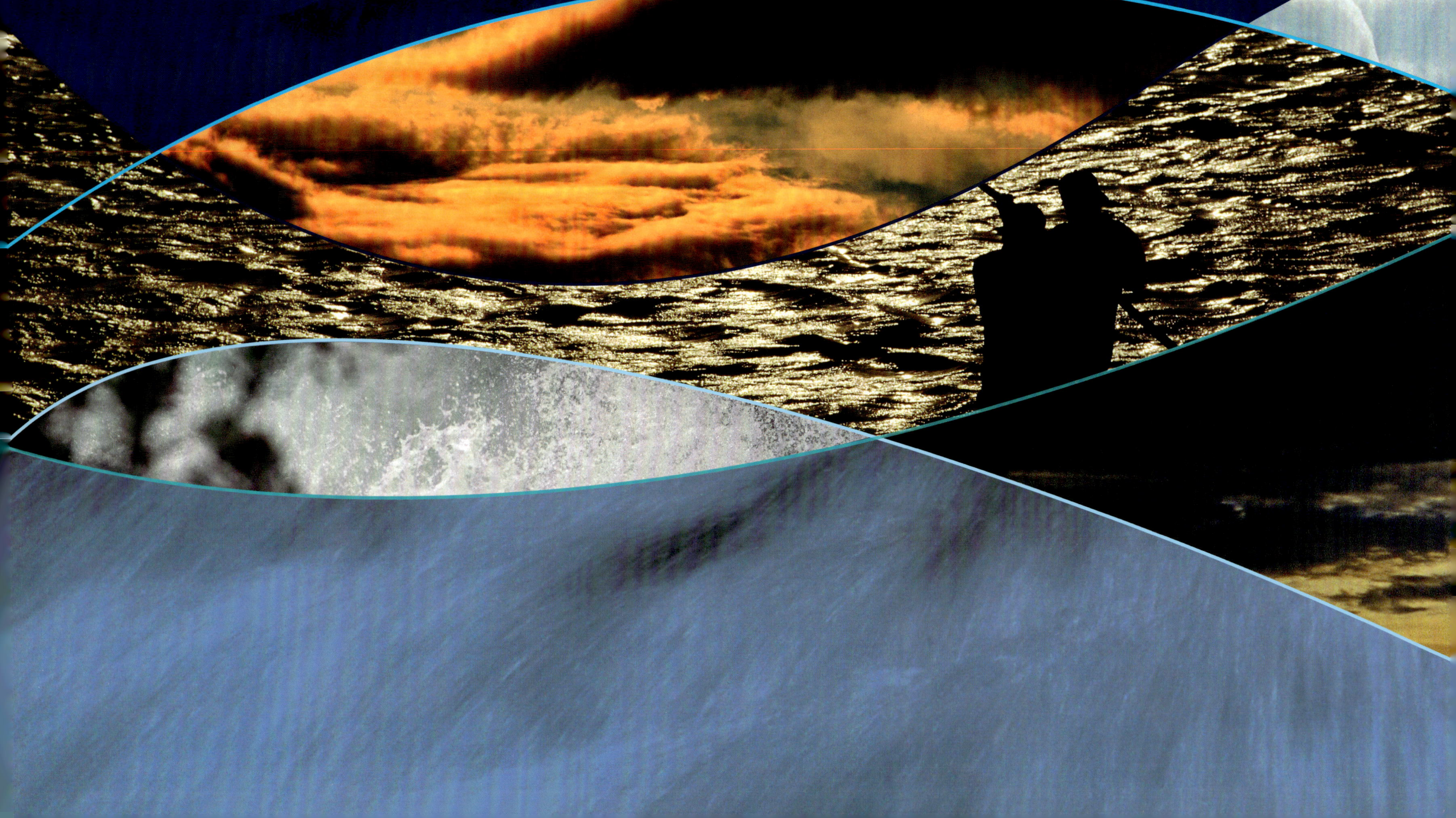

CAPÍTULO V PROYECCIÓN AL FUTURO

CHAPTER V
PROJECTION TOWARDS THE FUTURE

[CLAUDIO DI RISIO]
FUNDACIÓN ALBATROS MEDIA, PANAMÁ

En todo el mundo, la llave dorada de la gobernabilidad del agua se logra, en tanto se trata de un recurso compartido, satisfaciendo equitativamente las demandas domésticas, industriales, sociales, agrícolas y ambientales. Sobre esa premisa, cada Estado ha establecido su propia legislación, en la que se concibe al agua como un bien nacional.

Pero muchas cuencas no reconocen gentilicio alguno, y cruzan sin papeles las fronteras políticas. Muchas de ellas siguen el curso de ríos o bordean lagos, por lo que millones de personas comparten el recurso allí contenido. Las cifras son más elocuentes cuando se verifica que 145 países coinciden en 263 cuencas hidrográficas, las que albergan aproximadamente al 90 por ciento de la población mundial.

Todo lo que se haga con el agua de un río en el tramo superior de su recorrido tiene consecuencias río abajo. O sea que un aprovechamiento irresponsable y no sostenible del recurso de parte de un país situado corriente arriba, influye negativamente sobre el medio ambiente y la calidad de las aguas del país ubicado aguas abajo, afectando por ende la vida de las personas. En muchas cuencas fluviales hay problemas comunes que se han suscitado en ausencia de instituciones capaces de coordinar flujos de agua, construcción de represas, manejo de contaminación y vertido de residuos o de resolver diferencias que pudieran plantearse entre usuarios.

All over the world, the golden key to water governance can be gotten by satisfying in an equitable way the demands from households, the industry and agriculture, as well as those of social and environmental characteristics, because water is a shared resource. Upon that premise, each State has established its own legislation, in which water is conceived as a national good.

But many drainage basins do not recognize any nationality and they cross borders and flow through two or more countries. Many follow the river courses or encircle lakes so that millions of people share the resource that is stored down there. Figures are more than eloquent when it is verified that 145 countries coincide in 263 drainage basins which are inhabited by approximately 90 percent of the population in the world.

Everything that is done to water upstream has consequences downstream. Thus, an irresponsible and unsustainable exploitation of the resource from a upstream country has negative effects over the environment and the quality of water on a downstream country, therefore affecting the lives of people. There are common problems in many drainage basins that have surged because of the absence of institutions capable of coordinating water flows, building dams, managing pollution and waste drainage, or solving differences that could emerge among consumers.

La cuestión de la problemática de las aguas transfronterizas, es decir, las compartidas por dos o más países, constituye una materia que debe ser necesariamente incluida en las agendas políticas, un desafío que podría transformar una situación de deterioro en otra que sea fruto de un manejo integrado que favorezca la conservación ambiental.

The issue on transboundary water, that is, the surface and groundwater shared by two or more countries, is a matter that must be necessarily included in the political agenda; it is a challenge that could transform a situation of deterioration into another which could be the result of an integrated management that works in favor of environmental conservation.

The cases on which the resource was affected disastrously because of the lack of a coordinated management abound. Such is the case of Lake Chad, the fourth freshwater reservoir of Africa, shared by four countries which unilaterally applied different policies on water that caused environmental damage and a situation that is virtually irreversible.

An efficient take on the issue will have to consider an integrated management of the resource all along the entire basin, which is the proposal of numerous international organizations of development and conservation. According to this notion, the basin, being either fluvial, lacustrine, wetlands or aquifers, is considered the management unit as conceived under ecological criteria.

Aquifers, unlike water ways or lacustrine systems, cannot be seen because they flow underground. They store 90 percent of

Sobran los ejemplos en los que por no haberse aplicado una gestión coordinada se afectó el recurso de manera desastrosa. Tal es el caso del lago Chad, la cuarta reserva de agua dulce de África, compartida por cuatro países que adoptaron unilateralmente políticas hídricas desencadenantes de daños ambientales y una virtual situación de irreversibilidad.

Un abordaje eficiente de la problemática deberá tener en cuenta el manejo integrado del recurso a lo largo de toda la cuenca, tal como lo proponen numerosas organizaciones internacionales de desarrollo y conservación. De acuerdo con esta noción, la cuenca, sea fluvial, lacustre, humedal o acuífero, se considera como la unidad de gestión, concebida según criterios ecológicos.

Los acuíferos, a diferencia de las vías fluviales o los sistemas lacustres, no son apreciables a simple vista pues son subterráneos. Almacenan

el 90 por ciento del agua dulce del planeta y también atraviesan fronteras. Plantean un reto diferente ya que contando incluso con la decisión política y la cooperación de los gobiernos, es difícil controlar la extracción informal que provoca el rápido agotamiento de las capas freáticas. De ahí que importa trabajar a partir del concepto de que la mayor parte del agua dulce no es propia de ningún país en particular sino compartida.

freshwater in the world and also cross borders. The challenge that aquifers present is different because even counting on a political decision and cooperation among governments, it is difficult to control the informal extraction that is provoked by the fast depletion of the phreatic zones. That is why it is important to work on the basis of the concept that the largest part of freshwater does not belong to a sole country but it is shared by two or more of them.

To illustrate the importance of aquifers it is worth mentioning that there are more than a hundred in Europe; while in South America stands out the Guarani aquifer system that flows underneath Argentina, Brazil, Paraguay and Uruguay. It is an underground reservoir of an extension of about 1.190.000 square kilometers, which equals the extension to France, Spain and Portugal together, and whose reserves are estimated in 37.000 cubic kilometers.

The health conditions of ecosystems have a direct effect on biodiversity and human welfare. To reverse the loss of resources, it is necessary to develop and implement both financial and

Para ilustrar su importancia vale mencionar que en Europa existen más de cien acuíferos transfronterizos; en América del Sur destaca el sistema acuífero guaraní, que sirve a Argentina, Brasil, Paraguay y Uruguay. Se trata de un reservorio que se extiende bajo la superficie por unos 1.190.000 kilómetros cuadrados, equivalentes a la extensión de Francia, España y Portugal juntos, con una reserva de agua estimada en 37.000 kilómetros cúbicos.

La salud de los ecosistemas incide directamente en la biodiversidad y el bienestar humano. Para revertir la pérdida de recursos, es necesario desarrollar e implementar estrategias financieras y de cooperación internacional que sostengan las negociaciones y diálogos que sirvan para construir una *status quo* distinto, conveniente para todos. En la peor de las crisis surge la oportunidad. En este caso, la de incorporar definitivamente la biodiversidad y la conservación de especies como parte inseparable de cualquier gestión de los recursos hídricos.

<<(

Hielo de la última glaciación se diluye en la Antártida.
Ice from the latest glaciation melts in Antarctica.

Hay buenas perspectivas de éxito si nos centramos en acciones específicas y efectivas, incorporando información confiable y segura a las nuevas tecnologías de manejo y supervisión. Con eso, más un adecuado plan que prevenga una inversión de las cargas ambientales, la conservación del recurso estará asegurada y la gestión de las aguas transfronterizas dará lugar a una mejora significativa para el desarrollo y bienestar humano.

Los principales desafíos que conlleva hoy día la gestión de los recursos hídricos sólo pueden entenderse en el amplio contexto de los sistemas socioeconómicos mundiales.

Así, las variaciones demográficas y las migraciones, las evoluciones geopolíticas, que implican nuevas fronteras y alianzas entre países, el rápido desarrollo de las tecnologías de la información y la comunicación, sin olvidar los impactos que inflige el cambio climático y los fenómenos meteorológicos extremos, hacen que, en su conjunto, el mundo sea un lugar lleno de desafíos para los responsables de la toma de decisiones.

international cooperation strategies aimed to sustain negotiations and dialogue on the construction of a different status quo that must convenient to all. Opportunity comes about from the worst crisis. In this case, it is to definitely incorporate biodiversity and conservation of species as an inseparable part of any hydrological resource management approach.

There are good perspectives of success if we focus on specific and effective actions, incorporating reliable and safe information to the new technologies of management and supervision. With that, plus and adequate plan aimed to prevent a reversion of the environmental load, the conservation of the resource will be secured and the management of transboundary waters will bring about a significant improvement in favor of development and human welfare.

The major challenges that the management of hydrologic resources face nowadays can only be comprehended within the wide context of the global socioeconomic systems.

Thus, demographic variations and migration, as well as geopolitical evolution that imply new borders and alliances

Estas son las condiciones bajo las cuales los administradores del agua alrededor del mundo deben gestionar un recurso cada vez más escaso y variable. El contexto socioeconómico de la cuenca hídrica en cuestión, también debe ser tomado en consideración para poder aprovechar al máximo las oportunidades de desarrollo de manera sostenible. Son muchas y variadas las presiones que deben confrontar los administradores de los recursos hídricos en el desempeño de su tarea. Cada vez resulta más evidente que se debe aplicar un enfoque de Gestión Integrada de los Recursos Hídricos (GIRH), para tener en cuenta todos esos factores y temas de forma simultánea, asegurando así la gestión equitativa y sostenible del agua dulce.

Tomado del II Informe de las Naciones Unidas sobre el desarrollo de los Recursos Hídricos en el mundo UN-WATER/WWAP/2006.

among countries, the fast development of information and communication technologies, let alone the impacts of the climate change and the extreme meteorological phenomena, make the world, as a whole, a place full of challenges for the ones who are responsible of decision-making.

Those are the conditions on which the water managers around the world must manage a resource that is getting scarcer and variable. The socio-economic context of the drainage basin must also be taken into consideration in order to make the maximum gains from the development opportunities, which must be implemented in a sustainable way. The pressure that managers of hydrologic resources face over the performance of their task comprises a vast array of issues. Thus, it has become more evident that a framework on Integrated Water Resources Management (IWRM) must be applied in order to take into account all these factors and issues simultaneously, therefore guaranteeing the equitable and sustainable management of freshwater.

Taken from the 2nd United Nations World Water Development Report: 'Water, a shared responsibility' UN-WATER/WWAP/2006.

El bosque lluvioso se podría manejar para financiar el desarrollo y generar crecimiento de un modo sostenible y socialmente incluyente. Pero para lograr esto, los países y la comunidad internacional deben tomar un papel más activo.

The rainforest could be managed to finance development and to generate growth in a sustainable and socially inclusive way. But to achieve this goal, countries and the international community must assume a more active role.

Vinod Thomas
Banco Mundial
World Bank

Caudaloso río Cañete, Perú.
Whitewaters of the Cañete River, Peru.

La ciencia mundial coincide y reafirma: el calentamiento global es inducido por las emisiones de seis gases de efecto invernadero que retienen los rayos solares en nuestra atmósfera elevando su temperatura.

Science worldwide agrees and reaffirms: global warming is induced by the emissions of six greenhouse gases that retain the solar rays in the atmosphere, thus increasing its temperature.

Ocaso en el mar de Drake, Antártida.
Twilight at the Drake Passage, Antarctica.

El istmo centroamericano, puente biológico entre Sudamérica y Norteamérica, visto por la NASA.

The Central American isthmus, a biological bridge between South and North America, as seen by NASA.

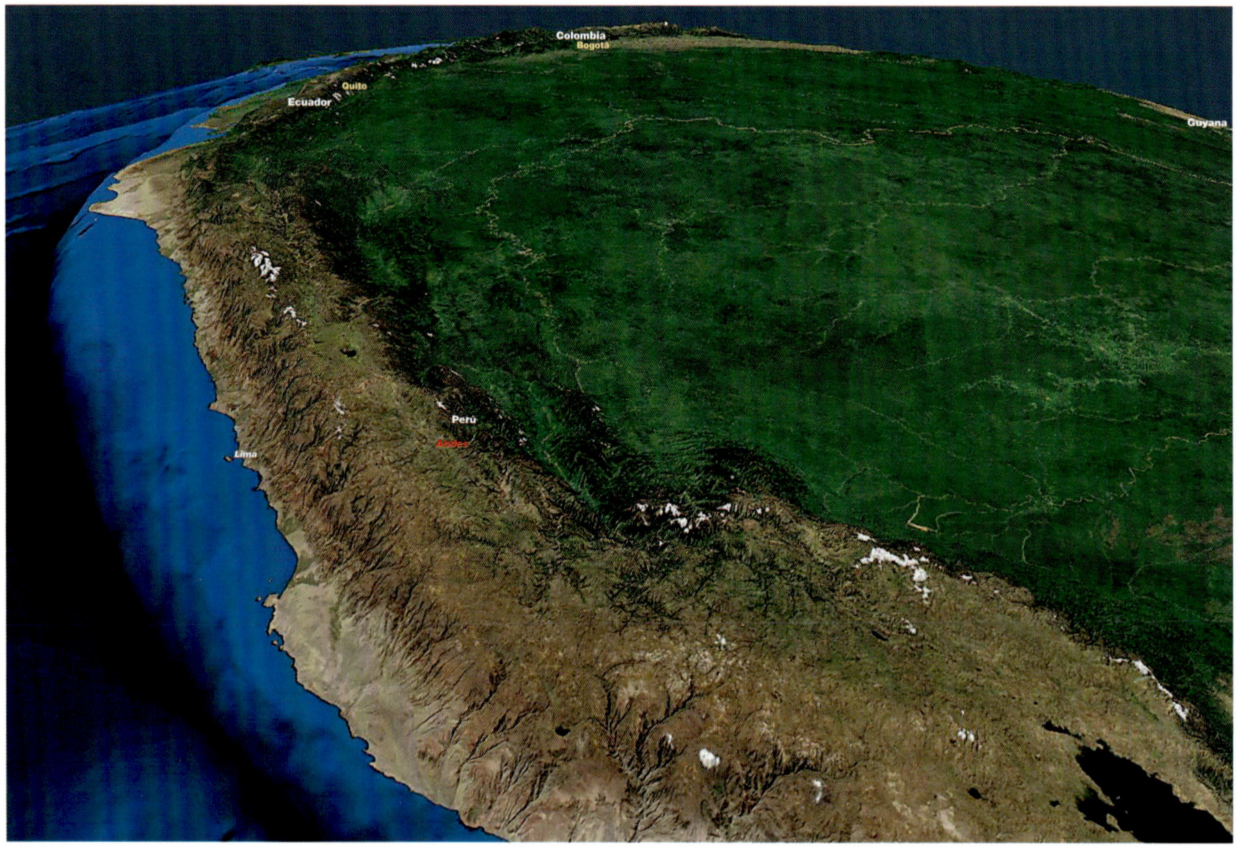

Foto satelital muestra un marcado retraimiento de los glaciares andinos a lo largo del continente.

A satelital image shows an evident retreat of Andean glaciers, all along the continent.

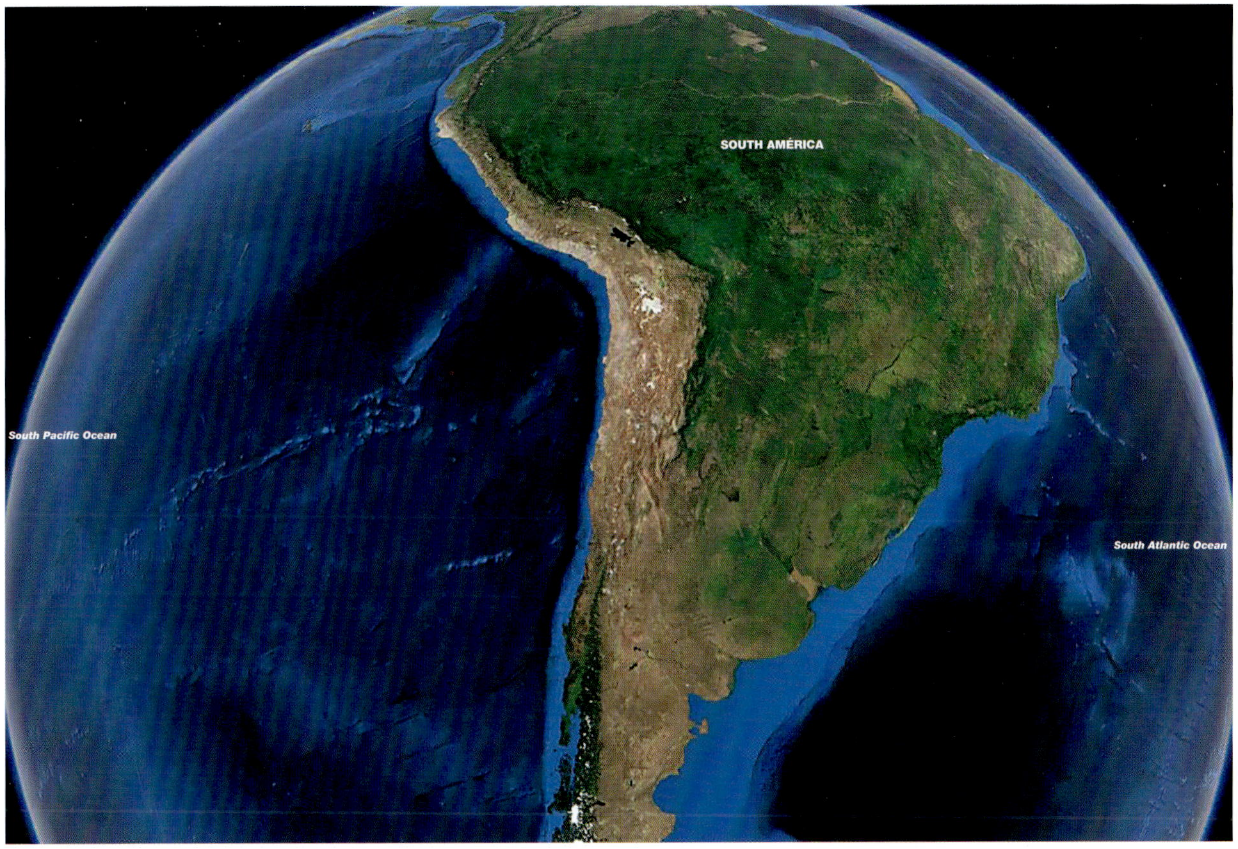

Sudamérica en imagen de la NASA que muestra la relación entre la cuenca amazónica y los Andes.

South America in an image by NASA which shows the linkage between the Amazon basin and the Andes.

Territorios de Perú, Bolivia y Chile conectados por la cordillera de los Andes.

The territories of Peru, Bolivia and Chile, connected by the Andes mountain range.

(Fotos: cortesía
Photos: Courtesy of CATHALAC)

Manuel Rodríguez Echando, ex Ministro de Ambiente y Energía de Costa Rica, destaca el éxito del pago por servicios ambientales a propietarios de bosques en su país, que se ha convertido en un modelo digno de imitar y necesario para garantizar el recurso hídrico a nivel regional.

El pago por servicios ambientales es un instrumento adecuado para efectivizar la conservación de los bosques, detener la deforestación y asignar un valor a la biodiversidad en relación a las otras actividades productivas que se pueden desarrollar con el uso del suelo.

Desde hace más de diez años que este método se aplica en Costa Rica y consiste en pagar a los propietarios de bosques por los servicios ambientales que generan. Cualquier consumo de combustible, sea en el automóvil familiar o en la industria, está sujeto a una contribución adicional que va a un fondo compensatorio para los propietarios de bosques, pues estos son los biosistemas responsables de fijar el carbono emitido por la quema de combustibles.

Asimismo, esos bosques privados producen agua en la cuenca donde se encuentran, de modo que toda vez que el recurso sea utilizado para la agricultura, para alimentar redes de agua potable o para producir energía, obligará a una compensación destinada al prestador de ese servicio ambiental.

Manuel Rodríguez Echando, a former Minister of Environment and Energy of Costa Rica, highlights the success that the payment for environmental services to forests owners has achieved in his country, which has become a model that is worth imitating and also necessary to guarantee the supply of water in the region.

The payment for environmental services is an adequate tool to make forests preservation feasible, to stop deforestation and to give biodiversity a monetary value that might be related to the other productive activities that can be developed via the use of the soil.

This method has been applied for more than ten years in Costa Rica. It consists of the reimbursement to forests owners for the environmental services they generate. Any fuel consumption, be it by the family car or by the industry, is subjected to an additional contribution that engrosses a compensatory trust for forests owners. The explanation is simple; forests are the bio-systems responsible to assimilate the carbon that is emitted by fuel combustion.

Likewise, those private forests produce water in the drainage basins they are located, so each time the resource is used by agriculture, to feed water supply networks or to generate power; it will translate into a compensation for the people who provide that environmental service.

El gobierno de Costa Rica ha implementado un mecanismo que ya abarca medio millón de hectáreas de bosques privados. Hay una disponibilidad de otro medio millón de hectáreas listas para entrar al programa, pero todavía no disponemos de la capacidad financiera para satisfacer esa demanda. Cada año tenemos más bosque que el año previo. En 1971 teníamos el 20 por ciento de cobertura forestal en el país. Hoy tenemos el 42 por ciento y creemos que en veinte años podremos llegar al 60 por ciento sin competir con el sector agrícola por el uso del suelo

Las represas hidroeléctricas o las empresas de energía eléctrica públicas o privadas que producen energía con agua, tienen que pagar el agua de la cuenca donde está emplazado el proyecto. Aquellos que usan la biodiversidad para una actividad específica, por ejemplo un operador de turismo que usa biodiversidad y belleza escénica, también deben pagar por ese beneficio, se trate de bosques del Estado o pequeños bosques de propiedad de campesinos. Además de razones filosóficas o morales, hay cuestiones económicas que apoyan esta política. En Costa Rica los parques nacionales producen 825 millones de dólares por año, mucho más que el café, la piña, el melón y el banano de exportación.

El reto que tenemos por delante es incluir y articular una gama de servicios ambientales, a través de un mecanismo que reconozca los valores y beneficios que representa la conservación de los bosques.

The Government of Costa Rica has implemented a mechanism that currently covers half a million hectares of private forests. There are other half million that are ready to enter the program, but we still do not have the financial capacity to satisfy that demand. Each year we have more forest areas than the previous year. In 1971 we had 20 percent forest coverage. Nowadays we have 42 percent and we believe that in twenty years time we will reach 60 percent without having to compete against agriculture for soil availability.

Hydroelectric plants or power companies, whether being public or private, that generate power out from water have to pay for the resource of the drainage basin were they are located. Those who use biodiversity for a specific activity such as a tour operator that has a business based on biodiversity or sightseeing beauty, also have to pay for that benefit, be it State forests or small ones that belong to peasants. Besides philosophical or moral reasons, there are also economic aspects that support such a policy. In Costa Rica, national forests generate 825 million dollars annually, which is much more money than the revenues obtained from coffee, pineapple, melon and banana for export.

The challenge we are facing is to include and articulate a series of environmental services through a scheme that must be aimed to recognize the values and benefits that the preservation of forests represents.

[Manuel Rodríguez]

Ex Ministro de Ambiente y Energía de Costa Rica

Former Minister of Environment and Energy of Costa Rica

COLOFÓN
COLOPHON

¿QUÉ HARÍAS POR SALVAR AL PLANETA?

WHAT WOULD YOU DO TO SAVE THE PLANET?

Con las condiciones ambientales del planeta en deterioro debido en gran medida al uso irracional de la energía, es necesario y urgente que deban acordarse planes de acción. Por ello, toda persona tiene una responsabilidad en la conservación y el ahorro de energía. Es que solamente la suma de voluntades a favor de un cambio de conciencia hará la gran diferencia. La humanidad deberá considerar nuevos hábitos, útiles para el gran objetivo común: la reducción de emisiones de gases de efecto invernadero. A continuación presentamos algunas de las valiosas recomendaciones planteadas por Al Gore en el documental ganador del Óscar "An Inconvenient Truth" ("Una verdad incómoda").

Now that the environmental conditions on the planet are subjected to a constant deterioration mainly due to the irrational use of energy, it is necessary and urgent that plans of action must be agreed. Given that, each and every person has a responsibility for the conservation and saving of energy. Only the sum of wills in favor of a change of consciousness will make the difference. Humanity will have to take into consideration the adoption of new habits that will be useful to the big common goal: the reduction of gas emissions that cause the greenhouse effect. The following are some of the valuable recommendations given by Al Gore in the Academy Award winning documentary "An Inconvenient Truth".

- La utilización de bombillas eléctricas equivale a la combustión de unas 600.000 toneladas de carbón diarias; lo que se reduciría entre un 75 y 80 por ciento con el uso de lámparas fluorescentes.

- The use of incandescent light bulbs equals the combustion of about 600,000 tons of coal. This amount would reduce between 75 and 80 percent with the use of fluorescent lamps.

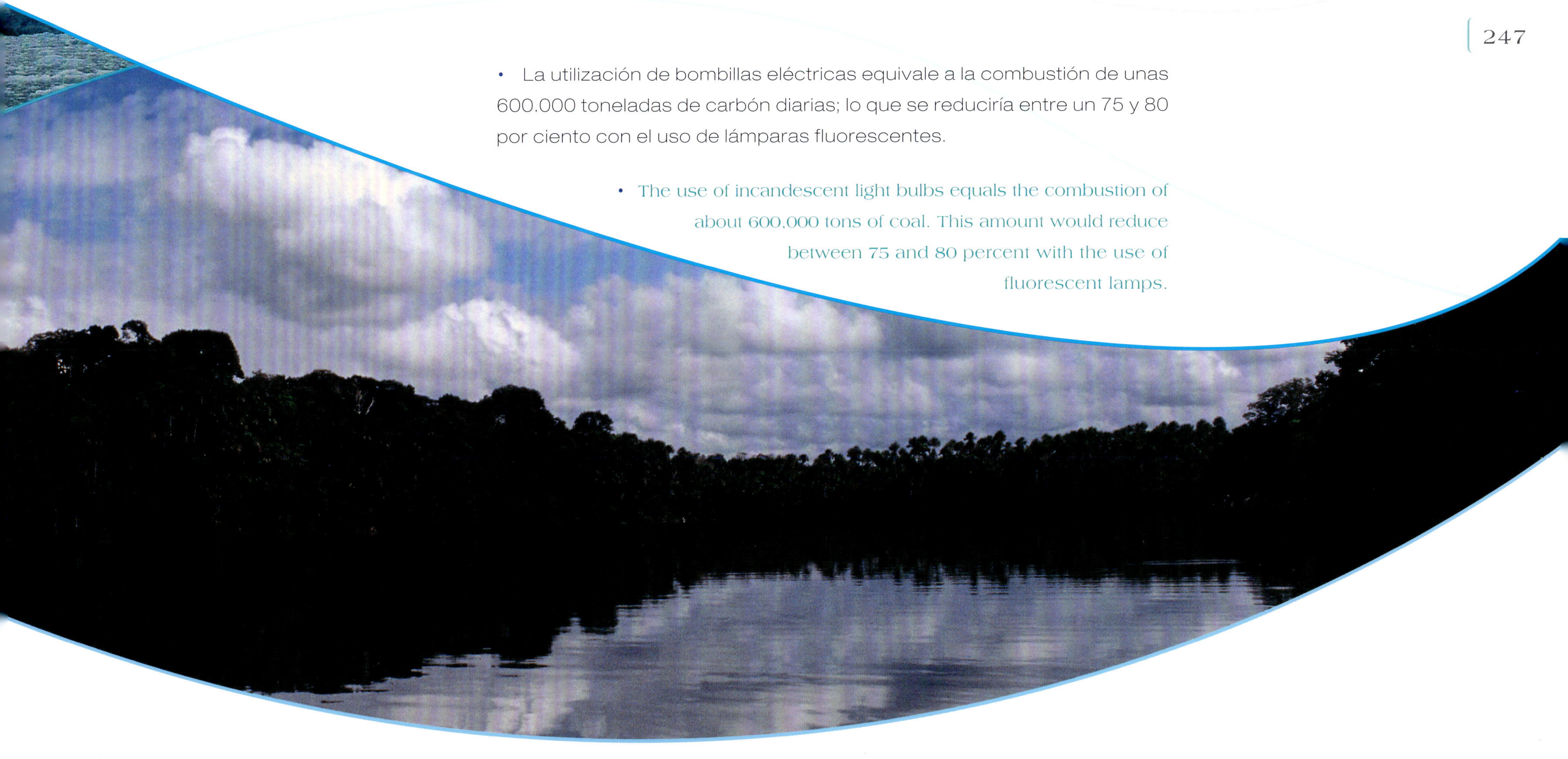

• Los calentadores de agua y las tecnologías de calefacción son notablemente ineficientes; el aporte de la nueva bomba de calor supone la idea de tomar el calor del exterior o de debajo de la tierra, algo que precisa ser promovido dada su evidente ventaja comparativa.

• Water heaters and heating technologies are noticeably inefficient; the contribution of the new heat pump relies on the idea of taking the heat either from the outside or from underground, something that requires to be promoted given its evident comparative advantage.

• Los electrodomésticos producen una quinta parte de la emisión mundial de carbono, pero ya está disponible la tecnología que permitirá una reducción del 43 por ciento. Más de sesenta países están elaborando o ya tienen vigente legislación al respecto.

• Electric home appliances generate one fifth of the carbon emissions worldwide, but the technology that will allow a 43 percent reduction is already available. More than sixty countries are making or have their respective legislation on the matter.

• Automobile transportation accounts for 25 percent of energy consumption worldwide, which could be reduced to 19 percent only by keeping tires well inflated.

• El transporte automotor representa el 25 por ciento de la energía mundial, lo que podría reducirse al 19 por ciento con sólo mantener los neumáticos bien inflados.

- Refrigerar y calentar los hogares consume el 36 por ciento de la energía mundial. Con un adecuado aislamiento, más el aprovechamiento de la luz natural, se obtienen ahorros notables.

- Refrigeration and to house heating consume 36 percent of the energy worldwide. An adequate insulation plus the use of natural light produce noticeable energy savings.

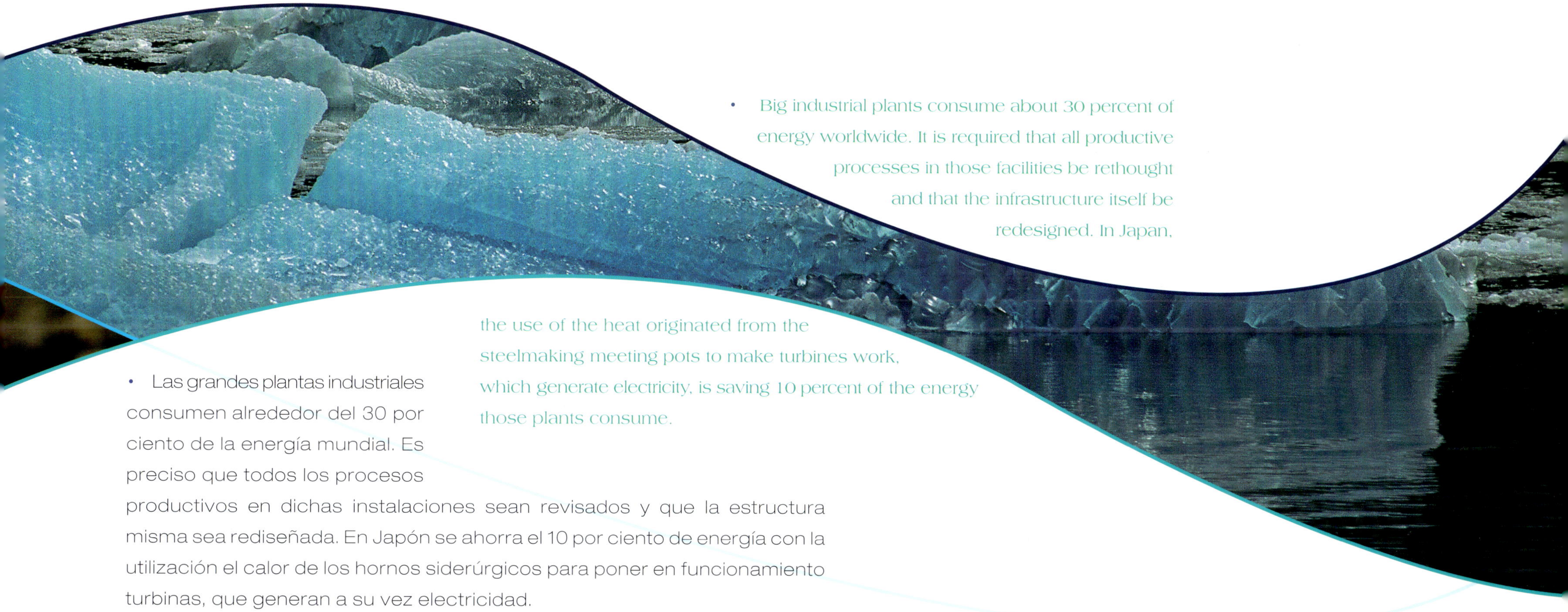

- Big industrial plants consume about 30 percent of energy worldwide. It is required that all productive processes in those facilities be rethought and that the infrastructure itself be redesigned. In Japan, the use of the heat originated from the steelmaking meeting pots to make turbines work, which generate electricity, is saving 10 percent of the energy those plants consume.

- Las grandes plantas industriales consumen alrededor del 30 por ciento de la energía mundial. Es preciso que todos los procesos productivos en dichas instalaciones sean revisados y que la estructura misma sea rediseñada. En Japón se ahorra el 10 por ciento de energía con la utilización el calor de los hornos siderúrgicos para poner en funcionamiento turbinas, que generan a su vez electricidad.

Hablar de ahorro de energía no consiste en una moda o un mero discurso; pues como dice Al Gore: "es la única opción razonable para poder seguir habitando con éxito este viejo mundo nuevo".

Talking about energy saving is not a fashionable trend or a mere speech; as Al Gore points: "It is the only reasonable option for us to keep successfully living in this old new world".

ESTADÍSTICAS
STATISTICS

- El 18 por ciento de la población mundial —unos 1,100 millones de personas— carece de acceso a fuentes seguras de agua potable.
- Más de 2,400 millones de personas no disponen del saneamiento básico indispensable.
- El vandalismo, las conexiones ilegales y las fugas son la causa de la pérdida del 50 por ciento del agua en los países desarrollo.
- Aproximadamente un 70 por ciento del agua dulce disponible se utiliza en la agricultura, pero más de la mitad del líquido se pierde por evaporación o reflujo a los ríos.
- En algunas zonas de Estados Unidos y China se consume agua subterránea en una tasa mayor que la de su reposición. De hecho, los ríos Colorado y Yang-Tsé a menudo se secan antes de alcanzar el mar.
- El 70 por ciento de la superficie del planeta está cubierta por agua, de la cual sólo el 2.5 por ciento corresponde a agua dulce.

- 18 percent of the world's population –about 1,100 million people- does not have access to secure sources of drinking water.
- More than 2,400 million people do not have access to a basic disposable sewage service.
- Vandalism, illegal piping and leakage, are the cause for the loss of 50 percent of water in the developing countries.
- Approximately 70 percent of disposable freshwater is used in agriculture, but more than half of that amount is lost due to evaporation or because it flows back to rivers.
- In certain zones of the United States and China groundwater is consumed at a higher rate than that of its restitution. In fact, the Colorado and Yang-Tse rivers very often dry up before they reach the sea.
- 70 percent of the planet's surface is covered by water, of which only 2.5 percent is freshwater.
- Less than one percent of freshwater on the planet is disposable for human consumption.
- It is estimated that by the year 2025 two-thirds of the world's population will live under moderate to severe water scarcity.
- Semiarid and arid regions account for 40 percent of the Earth's surface, but they only have 2 percent of the precipitation in the world.

- Menos del uno por ciento del agua dulce del planeta se halla disponible para consumo humano.
- Para el 2025, se estima que dos tercios de la población mundial vivirá bajo escasez hídrica de moderada a severa.
- Las regiones semiáridas y áridas representan el 40 por ciento de la superficie terrestre, pero disponen de sólo el 2 por ciento de la precipitación mundial.
- En los países en vías de desarrollo, casi el 95 por ciento de las aguas residuales y el 70 por ciento de los desechos industriales vuelven a los cursos de agua naturales sin recibir ningún tipo de tratamiento.
- Las aguas subterráneas representan el 97 por ciento del agua dulce terrestre, frente al exiguo 0.015 por ciento de agua superficial.
- Las deficiencias hídricas son causa del 80 por ciento de las enfermedades en los países en vías de desarrollo.
- África, Asia, América Latina y el Caribe comprenden el 82.5 de la población mundial; durante la década del noventa, el acceso al agua aumentó del 72 al 78 por ciento de la población y el saneamiento mejoró del 42 al 52 por ciento.
- Cada ser humano necesita un mínimo indispensable de 50 litros de agua potable diaria para cubrir sus necesidades.
- Treinta y un países carecen por completo de acceso a fuentes seguras de agua.
- El problema del agua se resolvería completamente si se le destinara el dinero equivalente a cinco días de gastos militares en el mundo.
- El Foro Mundial del 2000 de La Haya, estableció como objetivo la reducción a la mitad de la cantidad de personas sin acceso al agua para el año 2015.

- In developing countries, almost 95 percent of residual waters and 70 percent of industrial waste flow back to the natural waterways without receiving any kind of treatment.
- Groundwater accounts for 97 percent of freshwater in the world, which contrasts to the mere 0.015 percent of surface water.
- Hydrologic deficiencies are the cause of 80 percent of all diseases in developing countries.
- Africa, Asia, Latin America and the Caribbean house 82.5 percent of the total population in the world; during the Nineties, access to water grew from 72 to 78 percent while sewage improved from 42 to 52 percent.
- Each human being needs a minimum of 50 liters of drinking water per day to cover their necessities.
- Thirty one countries completely lack any access to secure sources of water.
- The water access problem would completely be solved if it received the money equivalent to just five days of the global military expenditures.
- The 2000 World Forum at The Hague set as a goal the reduction to its half of the amount of people who do not have access to water, by the year 2015.

Cuando la Antártida estornuda el Perú se enferma de gripe.

When Antarctica snoozes, Peru gets sick with the flu.

Yuri Hooker

Expedición peruana antártica
ANTAR XV

Peruvian Antarctic Expedition
ANTAR XV

La agonía del hielo en la península Antártica.

The agony of ice on the Antarctic Peninsula.

Este don que proviene de la madre naturaleza no ha sido concedido a la gran mayoría del planeta con la misma generosidad con que se hizo en América.

This gift from Mother Nature has not been conceded to the great majority of the planet with the same generosity than it has given out to the Americas.

Un aguacero al amanecer en el golfo de Chiriquí, Panamá.

Heavy rain at dawn in the Chiriquí Gulf, Panama.

La función de manejar bien los bosques nativos es una pieza maestra para la regulación del agua.

A good management of native forests is a master key of the water regulation process.

Nativos Ashaninka bajando el río Perené, Perú.
Ashaninka natives navigate the Perené River, Peru.

Es necesario un ejercicio extraordinario de la imaginación para concebir a nuestro continente sin agua. Porque la tenemos. Aunque no sabemos a ciencia cierta por cuánto tiempo más.

An extraordinary exercise of the imagination is needed to conceive our continent without water. Because we have it. Though we certainly do not know for how long.

Alejandro Balaguer
Asociación Andes y Mares

Bosque, nubes y agua: simetrías al atardecer en el lago El Dorado, Perú.

Forest, clouds and water: symmetry at twilight in El Dorado lake, Peru.

Primera edición, setiembre de 2007 *First Edition, September 2007*

Hecho el depósito legal en la Biblioteca Nacional del Perú Nº:
Legal deposit made in the National Library of Peru Nº. 2007-03934
ISBN: 978-9972-9765-9-9

Graph Ediciones

asociación andes y mares